农户玉米生产关键技术选择行为研究

金 雪 韩晓燕 吕 杰 著

中国农业出版社
农村设物出版社
北 京

前　言

在我国粮食的供需长期处于“紧平衡”状态的大背景下，保障粮食安全面临严峻挑战，土地规模经营和技术应用将是解决我国粮食供需不平衡的主要途径，也是未来农业的发展方向。从2004年开始，中央1号文件持续关注“三农”问题，农业新技术选择缓慢制约了“三农”的发展。党的十七届三中全会指出，“那些有条件的地方可以重视专业大户、家庭农场和农业专业合作社等经营主体的培育”，这为新型主体的发展指明了方向。2019年中央1号文件强调稳定粮食产量，推动藏粮于地、藏粮于技。农户行为与农业技术推广的关系密切，新型经营主体与普通农户由于其耕地规模、经验等可控的外部因素的不同，导致其对玉米生产关键技术的选择行为也存在一定的差别。本书从微观角度研究大户和普通农户行为决策对技术推广具有积极的理论意义和现实价值。

本书基于农户行为理论和消费者理论，以调查区域702份调查数据为基础，用理论和描述统计的方法分析样本区不同经营规模农户玉米生产关键技术选择行为问题，验证选择意愿与选择行为之间差异的存在，并探求影响意愿转化行为的限制因素。解决技术供给与技术需求不对称的现实问题，并根据技术选择意愿与行为差异的产量贡献和技术效率的情况判断玉米生产关键技术的有效性，为技术推广提供参考。本书共包括八章，其中核心章节是第四章到第七章，主要研究内容有以下四个部分：

第一，不同经营规模农户对玉米生产关键技术选择意愿的研究。运用 Logistic 模型估计方法进行实证分析，选取的变量：农户个人特征因素，包括被访农户性别、年龄、受教育程度、健康程度；农户家庭特征因素，包括农业劳动力数量、农业收入占比、耕地面积、是否加入合作社、家中是否有农技员；信息获取因素，包括农户是否经常与村民沟通、技术培训次数；外部环境特征因素，包括是否有政策支持、贷款难易程度、地区位置。研究结果发现，不同经营规模农户的技术选择意愿有所差异，这种差异主要是由耕地规模、务农收入以及地理位置差异造成的。具体来讲，耕地规模的增加，会影响全部样本农户和大户样本对增产型技术选择意愿的概率，影响普通农户对环境保护型技术选择意愿的概率；非农收入占比影响全部样本农户和普通农户对增产型技术选择意愿的概率，影响大户对环境友好型技术选择意愿的概率；辽宁中部及北部地区倾向选择增产型技术，辽宁西部地区对环境友好型技术选择意愿的概率较高。

第二，分析不同经营规模农户对玉米生产关键技术选择行为的影响因素和作用机理，运用 Heckman 选择模型进行实证分析。选择的变量：农户个人特征因素，包括被访农户年龄、性别、受教育程度；家庭特征因素，包括耕地面积、农业劳动力人数、非农收入占比；土地资源特征因素，包括土壤质量、租入土地情况；风险特征因素，包括自然灾害、家庭赡养系数、主观风险指数；政策环境因素，包括技术服务形式、政策满意度。研究结果显示，技术信息获取渠道显著影响不同经营规模农户对技术的选择决策；非农收入占比对不同经营规模农户环境友好型农业技术的选择均有影响，且非农收入占比的增加会降低普通农户和大户对机械化技术的使用；耕地面积影响全部样本和普通农户对环境保护型技术的选择决策，影响大户对两类技术的选择决策。土壤质量和土地租入情况影响普通农户的技术选择决策；风险偏好影响全部样本农户和大户对增产型技术选择决策，风险偏好型农户对增产型技术的选择程度较低。技术服务形式会对全部样本和普通农户的技术选择带来影响，且更加倾向现场指导型的技术服务。

第三，分析不同经营规模农户对玉米生产关键技术选择意愿与行为的差异，运用 Logistic 模型估计方法进行实证分析。选择的变量：农户个人特征因素，包括性别、年龄（反映务农经验以及劳动能力）、受教育程度（反映学习能力）、健康程度；家庭特征因素，包括农业劳动力数量、非农收入占比、经济情况；心理因素，包括从众心理（反映是否可以不受外界影响独立做出决策）、信任程度（反映外界对决策的作用程度）、对技术效果的预期（反映对技术的认知）；外部环境因素，包括水资源的充足情况（代表技术选择的条件）、土地细碎化、技术难易程度（反映技术的学习成本）。研究结果显示，具有技术选择意愿的农户与实际发生技术选择行为的农户在其自身禀赋和所处环境上表现出明显的差异，原因可能是部分农户意愿还未实现行为的转化，也可能是部分农户受到外界的干扰而有悖于自身意愿发生行为。家庭劳动力数量是全部样本和普通农户增产型技术选择意愿转化行为的限制条件；非农收入占比影响不同经营规模农户环境友好型技术选择意愿与行为的转化；耕地面积影响不同经营规模农户玉米生产关键技术选择意愿与行为的转化；技术效果的预期越好，农户对技术选择意愿转化为行为的可能性越高；信任程度是普通农户各种经营规模技术选择意愿转化行为的限制因素，是大户增产型技术选择意愿转化行为的限制因素；水资源是全部样本和大户增产型技术选择意愿转化行为的限制因素。

第四，分析不同经营规模农户技术选择意愿与行为差异的效果，包括产量贡献和技术效率两个方面，运用生产函数和 SFA 模型估计方法进行分析。生产函数选择的变量：介入性要素，包括土地投入、劳动力投入、资本等投入、土地投入指标；非介入性要素，包括农户个人特征、家庭特征和生产经营特征。技术无效率方程选择的变量包括被访农户年龄、受教育程度、月平均收入、接受培训次数、贷款难易程度、耕地细碎化、基础设施条件、地区、受灾情况。研究结果显示，从产量贡献来看，应用保护性耕作技术和生物防治技术会显著增加玉米的产量；增加劳动力投入会对玉米产量有正向的影响；其他物质费用对产出有正向影响；灌溉费用仅在全部样本回归中有显著正影响；被访农户年龄越大，玉米的产量越高；受教育程度对全部样本和普通农户的产量有显著的负向影响，对大户的产量有显著的正向影响；非农收入占比对玉米产量有一定的正向影响；土地细碎化会在一定程度上阻碍农户选择农业技术，影响粮食的产量；参加技术培训次数在全部样本和大户样本回归中有显著的正向影响。从技术效率来看，年龄、受教育水平、月平均收入、接受培训次数、贷款难易程度、耕地细碎化、地区变量均会对玉米生产的技术效率产生影响，但是在不同样本中的作用方向不尽相同。农户选择玉米生产关键技术后，保护型耕作技术、配方施肥技术和机械化技术，意愿与行为一致的效率均高于意愿与行为存在差异的效率，但是生物防治技术的选择意愿与行为一致的效率低于意愿与行为存在差异的效率。普通农户对节水灌溉技术选择意愿与行为一致的效率低于意愿与行为存在差异的效率，大户对节水灌溉技术选择意愿与行为一致的效率高于意愿与行为存在差异的效率。

针对以上的研究内容和相关研究结论，提出本书的政策优化，包括以下几个方面的内容：强化政府在技术扩散中的职责；提高农户文化素质，加强农业技术知识的传播；促进技术选择意愿到选择行为的转化，助力技术推广；拓展农户技术信息获取渠道，加强农技金融支持；规范农户生产方式，保障粮食产量安全。

本书的主要创新之处在于：其一，将玉米生产关键技术选择行为作为研究对象，技术之间并不是相互孤立的，而是相互影响的，因此单一研究某一项技术的选择行为可能会使研究结论不准确，从这个角度出发，可能存在创新点；其二，研究不同经营规模农户的技术选择意愿与行为决策，分析不同经营规模农户在技术选择意愿及行为之间的差异，并进一步分析技术选择意愿与行为转化的障碍，同时针对不同经营规模农户计算其不同技术选择意愿与行为差异的效果问题，在这样的一个逻辑框架之下，针对不同经营规模农户提出促进技术推广的建议，在研究视角上可能会有一定的创新。

目　录

前言

第一章　导论 …… 1

1.1　研究背景与研究意义 …… 1

1.1.1　研究背景 …… 1

1.1.2　研究意义 …… 3

1.2　国内外研究动态及评述 …… 4

1.2.1　农户的技术选择意愿 …… 5

1.2.2　农户技术选择行为及其影响因素 …… 9

1.2.3　意愿与行为转化相关的研究 …… 13

1.2.4　效率的影响因素研究 …… 14

1.2.5　文献述评 …… 15

1.3　概念界定、研究目标与研究内容 …… 16

1.3.1　概念界定 …… 16

1.3.2　研究目标 …… 18

1.3.3　研究内容 …… 19

1.4　研究方法与数据来源 …… 22

1.4.1　研究方法 …… 22

1.4.2　数据来源 …… 23

1.5　分析框架、技术路线与本书结构 …… 24

1.5.1 分析框架 …… 24
1.5.2 技术路线 …… 25
1.5.3 本书结构 …… 26
1.6 可能的创新之处和研究不足 …… 27
1.6.1 可能的创新之处 …… 27
1.6.2 研究不足 …… 27

第二章 理论基础与技术选择行为理论分析 …… 29

2.1 理论基础 …… 29
2.1.1 农户行为理论 …… 29
2.1.2 消费者理论 …… 32
2.2 技术选择行为决策理论分析 …… 34
2.2.1 技术选择行为的经济学解释 …… 34
2.2.2 不同经营规模农户技术选择行为的博弈分析 …… 39
2.3 不同经营规模农户技术选择行为逻辑框架 …… 43

第三章 调查设计及样本描述性统计分析 …… 45

3.1 问卷设计 …… 45
3.1.1 问卷设计的思路 …… 45
3.1.2 问卷设计的主要内容 …… 45
3.1.3 数据来源 …… 50
3.2 样本描述性统计分析 …… 54
3.2.1 农户个体特征 …… 54
3.2.2 农户家庭特征 …… 57
3.2.3 外部环境特征 …… 62
3.3 农户参与玉米生产关键技术行为调查分析 …… 65
3.3.1 农户对玉米生产关键技术认知及态度调查分析 …… 65
3.3.2 玉米生产关键技术选择意愿 …… 72

3.3.3　玉米生产关键技术选择行为分析 …………………………………… 78
3.3.4　玉米生产关键技术选择意愿与行为的差异 ………………………… 85
3.4　本章小结 ……………………………………………………………… 91

第四章　不同经营规模农户玉米生产关键技术选择意愿研究…… 93

4.1　分析框架与研究假设 ………………………………………………… 93
4.1.1　分析框架 ……………………………………………………………… 93
4.1.2　研究假设 ……………………………………………………………… 95
4.2　变量选取与模型设定 ………………………………………………… 97
4.2.1　变量选取 ……………………………………………………………… 97
4.2.2　回归模型设定 ………………………………………………………… 99
4.3　实证结果与分析……………………………………………………… 99
4.3.1　全部样本的实证结果分析 ………………………………………… 101
4.3.2　普通农户的实证结果分析 ………………………………………… 107
4.3.3　大户的实证结果分析 ……………………………………………… 113
4.4　本章小结 …………………………………………………………… 117

第五章　不同经营规模农户玉米生产关键技术行为选择研究 …… 119

5.1　分析框架与研究假设……………………………………………… 119
5.1.1　分析框架 …………………………………………………………… 119
5.1.2　研究假设 …………………………………………………………… 120
5.2　变量选取与模型设定……………………………………………… 122
5.2.1　变量选取 …………………………………………………………… 122
5.2.2　回归模型设定 ……………………………………………………… 124
5.3　实证结果与分析 …………………………………………………… 127
5.3.1　不同经营规模农户技术选择数量的实证分析 ………………… 127
5.3.2　不同经营规模农户技术选择强度影响因素的实证分析 …… 129
5.4　本章小结 …………………………………………………………… 143

第六章　不同经营规模农户玉米生产关键技术选择意愿与行为差异研究 …… 145
6.1　理论探究：农户意愿与技术选择行为不一致 …… 145
6.1.1　农户意愿与技术选择行为一致的理论前提 …… 145
6.1.2　农户意愿与技术选择行为不一致的理论前提 …… 147
6.2　统计分析：技术选择意愿与行为的不一致 …… 151
6.2.1　技术选择意愿与选择行为存在差异 …… 151
6.2.2　技术选择意愿与行为不一致的原因统计 …… 157
6.3　实证分析：农户意愿与技术选择行为存在差异 …… 159
6.3.1　分析框架与研究假设 …… 159
6.3.2　变量选取与模型设定 …… 160
6.3.3　实证结果与分析 …… 164
6.4　本章小结 …… 173
第七章　不同经营规模农户玉米生产关键技术选择意愿与行为差异的效果研究 …… 176
7.1　不同经营规模农户技术选择意愿与行为差异的产量效果 …… 177
7.1.1　模型设定与变量选取 …… 177
7.1.2　模型估计结果与分析 …… 182
7.2　不同经营规模农户技术选择意愿与行为差异的效率 …… 187
7.2.1　研究方法与变量选取 …… 188
7.2.2　随机前沿生产函数结果 …… 189
7.3　本章小结 …… 197
第八章　研究结论与政策优化 …… 199
8.1　研究结论 …… 199

8.2　政策优化 …… 202
8.2.1　强化政府在技术扩散中的职责作用 …… 202
8.2.2　提高农户文化素质，加强农业技术知识的传播 …… 204
8.2.3　促进技术选择意愿到选择行为的转化，助力技术推广 …… 205
8.2.4　拓展农户技术信息获取渠道，加强金融支持 …… 206
8.2.5　规范农户生产方式，保障粮食产量安全 …… 207
8.3　研究展望 …… 208

参考文献 …… 209
后记 …… 221

第一章 导 论

本章为全书的引领章节，首先介绍研究背景和研究意义，提出要研究的实际问题，明确研究目标和研究内容；其次阐述本书的研究方法和数据来源，厘清分析框架、技术路线和研究结构；最后指出本书可能的创新之处和不足。

1.1 研究背景与研究意义

1.1.1 研究背景

随着人口数量的持续增加，对粮食的需求也处于刚性的增长（朱萌等，2015），而由于耕地减少、气候变化给粮食生产带来的约束更为突出，我国粮食的供需将在很长一段时间内保持“紧平衡”的状态，保障粮食安全面临着较为严峻的挑战（周波，2011），在这样的大背景下，土地规模经营和技术的应用将是解决我国粮食供需不平衡的主要途径，也是未来农业的发展方向。但是我国目前的土地特点是分散化、细碎化、小规模，这样就限制了技术的应用，大部分农户只能通过增加化肥和农药的使用量来提高粮食的产量，对于机械化、高产技术等的应用却很少（杨宜婷，2013）。

发展农业现代化，必须依靠技术进步和人力资本（舒尔茨，1999），而粮食生产中资源的产出效率在偏低位运行的情况下，发展资源节约型农业必须依赖现代农业技术（李后建，2012），因而农业科技成果不断涌现。然而，农业技术推广率与推广普及率都很低，造成农业技术的有效需求不足与有效供给不足的双重矛盾，一方面农民获得生产中需要的可以显著提高粮食产出或带来经济效益增长的技术很难，即很多农民需要的技术没有开发；另一方面，存在大量的科研成果没有得到有效转化的问题，新研发的技术并未在农业生产上起到一定的作用（黄季坤等，1999）。因此，当前农业技术的持续推广仍然面临一定的困难，存在着土地细碎化特点与农业技术推广之间的矛盾、资源产出率低与农业技术推广率低之间的矛盾、农业科研机构的技术研发与农民实际需求之间存在很大的差异。

从 2004 年开始，中央 1 号文件持续关注“三农”问题，农业新技术推广缓慢制约了“三农”的发展。党的十七届三中全会指出，“那些有条件的地方可以重视专业大户、家庭农场和农业专业合作社等经营主体的培育”。这为新型经营主体的发展提供了发展方向。党的十八大指出，“发展农民专业合作社，培育新型农业经营主体”。2016 年中央 1 号文件再次强调“积极培育家庭农场、专业大户、龙头企业等新型经营主体”。同年 12 月召开的经济会议提出：“持续做好三农工作，在确保国家粮食安全的前提下，发展多种形式的规模经营”。2019 年中央 1 号文件强调稳定粮食产量，推动藏粮于地、藏粮于技。

这些政策的相继出台，对于新型经营主体的培育有着重要的意义。为了响应国家政策，农村涌现出很多专业合作社、家庭农场、生产大户等新型经营主体，学术界对于新型经营主体的研究也日益丰富。新型经营主体与普通农户由于其耕地规模、经验等可控的外部因素不同，导致他们对技术的反应程度也存在一定的差别。大多数农户选择增加化肥和农药的使用来增加产出，对于机械化、高产技术等的应用却停滞不前。农民作为新技术的最终选择者，农业技术推广的成功很大程度上取决于农民的行为方式，与普通农户相比，种粮大户更容易接受新技术，成为农业新技术推广的中坚力量。因此从微观角度研究新型经营主体和普通农户行为决策对农业技术的推广具有积极的理论和现实意义。

意愿是行动的前提，并指导个体沿着既有的目标不断前进。意愿是人类行为的起点，是行为付诸实施的心理动机。尽管人们存在做某件事情的意愿，但是以往的研究指出他们的行为和意愿并不一致（Armitage CJ，2001；Conner M.，2005；Rhodes，2012；Webb TL，2006），这种意愿和行为之间的弱相关性被认为是意愿-行为差距（Sheeran RE & Dickau L.，2002）。同样在实际的农业生产中，农民的意愿和行为往往不一致（吕美晔，2009）。我国每年新研发的农业科技成果众多，但是很多农业技术与农户的实际需要相差甚远，农户真正需要的技术无法获得或很难获得。这种农业技术的有效供给与农户有效需求之间的错位，是阻碍农业技术有效推广的重要原因（黄季焜等，1999；董鸿鹏等，2007）。因而，研究农户技术选择行为，对于解决上述问题具有重要意义。

本书研究辽宁三个市及内蒙古通辽市不同经营规模农户在玉米生产过程中关键技术的选择行为和效果，辽宁是东北粮食主产区，粮食的生产潜力巨大，通辽市是农业农村部玉米高产示范片区和节水增粮行动项目区。以实现丰产、高效、环境友好为目标的玉米生产关键技术是一项很好的技术模式，从农民自身角度出发，研究农民对技术的选择意愿、行为和效果，了解农民的需求，在今后的技术推广中可以使农民的需求与科研相匹配，对技术推广进程来说具有重要的意义，也为农民解决了实际问题。

1.1.2 研究意义

(1) 理论意义

本书以消费者理论和农户行为理论为理论基础，构建一个技术选择意愿—选择行为—意愿与行为差异—意愿与行为差异效果的分析框架，并假定不同经营规模农户的行为具有一定的差异性，从理论上分析技术有效需求不足的问题，为技术的推广和后续的研究提供支持，具有一定的理论意义。不同经营规模农户在对同一项技术进行选择行为决策时的反应可能有差异，效率也可能存在差异，即存在效率损失，是什么因素导致了这种差异的存在，找到影响不同经营规模农户玉米生产关键技术选择意愿和选择行为差异的内在原因，对技术的推广具有重要的意义。

(2) 现实意义

农户对农业技术的有效需求与农业技术的有效供给之间的错位，是我国当前农业技术扩散面临的严峻问题。因而，研究农户的技术选择行为，了解不同经营规模农户对技术扩散的认知和态度，对于解决上述问题具有重要意义。本书研究辽宁大田作物玉米在生产过程中关键技术的选择意愿和行为决策，从已有理论及学者的研究中可以得出结论，意愿到行为之间存在黑箱，促进意愿转化行为的因素很难研究。在这样的背景下，本书基于意愿与行为之间存在差异为理论依据，通过调查数据验证意愿与行为之间存在差异，并试图找到限制意愿转化行为的因素，最后通过实施效果的测算，了解农户对农业技术的真实需求，并将高效率的技术推广给农户，对技术推广进程来说具有重要的意义。

1.2 国内外研究动态及评述

通过梳理、总结归纳当前国内外关于技术选择行为的研究进展，可以很好地掌握研究领域最新的科研动向以及存在的问题，并可以据此明确本研究的内容。本节结合不同经营规模农户技术选择行为及效果的前沿研究，从技术选择意愿、技术选择行为、技术选择意愿与选择行为的差异、技术选择意愿与行为差异的效果 4 个方面进行文献综述和述评。

1.2.1 农户的技术选择意愿

(1) 农户技术选择意愿影响因素研究

农户个人特征对技术选择意愿的影响：国内外很多研究指出，性别、年龄、受教育程度会对技术选择意愿产生影响。性别显著影响农户的技术选择意愿（Doss & Morris，2000），男性被访农户与女性相比对技术的选择具有更高的意愿（李波等，2010）。一般情况而言，农户的年龄会影响技术选择意愿，同时，年龄对不同经营规模技术的选择意愿方向不尽相同（朱萌，2015）。用另一种说法进行解释，出于对养老的考虑，年龄越大的农户，对增加农业收入的需求越高，农业技术中的新品种和测土配方施肥技术可以显著提高产量，达到提高农业收入的目的，因此年龄较大的农户对以上这两种技术的选择意愿较强烈。Holden 和 Shiferaw（1998）通过对埃塞俄比亚农户对土壤保持技术选择意愿的研究，提出农户家庭人口数量以及农户年龄会影响农户对技术的选择意愿。Dong（1998）针对印度村级高产品种的应用分析，提出年龄较大的和家庭人口较少的农户对高产品种具有更高的意愿。性别和年龄对农户农业新技术的选择意愿的影响是不确定的，年龄较大的农户对于农业生产的态度比较保守，喜欢根据以往的经验进行农业生产，因此年长者对病虫害防治技术的选择意愿较小，同时由于年长者的体力较差，会对节省体力的机械化技术具有更高的选择意愿。年龄较小的农户更倾向选择节约劳动力型技术，年龄较大的农户更倾向选择高产技术和节约资金的技术，女性对高产技术和节约劳动力型技术具有更高的选择意愿，男性更加倾向选择高品质技术和节约资金技术（宋军，1998）。

Doss（2001）在对非洲农户新型农业技术选择行为的研究中得出结论，性别会对农业成本的投入、农业生产规模和农业技术推广等产生影响，此外农户技术选择偏好也会受到性别的影响。比如，女性更加倾向便于储存的玉米品种，而男性恰恰相反。吴敬学等（2007）提出，农户的兼业化提高了农户对农业新技术的需求。王宏杰（2011）研究发现，农户兼业对农业新技术选择意愿的影响是负向的。杨传喜（2011）研究发现，农户的受教育程度与农户的食用菌生产技术选择意愿呈正向关系。周波等（2013）指出，受教育程度与农业新技术的需求呈正向关系。因此，农户个体特征的差异，对农业新技术的选择意愿会产生不同程度的影响。

农户家庭特征对于技术选择意愿的影响：家庭人口数量、生产规模、农业经营收入等会对农户选择农业新技术的意愿产生影响。Dong（1998）指出家庭人口数较少的农户更倾向选择产量高的农产品品种。胡瑞法（1998）指出在家庭人口数量较大的家庭中女性参与决策的情况较少。霍瑜（2016）将农户分为大规模农户、中规模农户和小规模农户，并且得出农户对生产结构的感知是影响不同规模农户技术选择意愿的共同因素，对于不同规模农户影响因素也有一定的差异。生产规模较大的家庭更有可能在应用新技术时获得规模效益。林毅夫（1994）指出生产规模较大的家庭更有可能选择杂交水稻的生产。陈儒等（2018）将影响因素从农户层面和农业项目层面两个方面来分析不同经营规模农户对低碳农业技术的选择意愿。国内外关于生产面积与技术选择意愿的关系的研究结论并不一致。Atanu 等（1994）指出，生产规模越大越需要农业新技术；Khanna（2001）指出，生产规模会显著影响农户的技术选择意愿。而褚彩虹等（2012）的研究结果与国外学者的研究结论恰恰相反，认为生产面积与农户的技术选择意愿呈负相关关系。朱萌等（2015）选取水稻生产面积在 50 亩* 以上的种稻大户，研究其对新品种技术、病虫害防治技术、测土配方施肥技术、机械化技术的需求。生产面积越大，越有可能形成规模经济，对农业新技术的选择

* 亩为非法定计量单位，1 亩＝1/15 公顷。——编者注

意愿也会相对较高。

不同的经济情况也会影响农户的技术选择意愿。对于经济收入高的农户，他们有能力担负由于新技术的使用所带来的成本增加和风险不确定性，因此，经济状况较好的农户比其他农户会有更高的技术选择意愿。相反，经济实力相对较差的农户，由于技术风险以及自身经济实力的原因，对农业新技术的应用会持保守态度。胡瑞法等（2002）从耕地资源和劳动力资源角度出发，认为在劳动力成本较高的地区，人们对节约劳动力的机械化投入有很高的需求意愿，相反，在劳动力比较丰富但是缺乏资金的地区，人们更倾向投入劳动力，而非机械。宋军（1998）对四省份农户技术选择行为的研究结论指出，人均收入较高的农户更加倾向选择优质产品和技术，人均收入较低的农户对高产技术有很高的需求意愿。王景旭等（2010）研究指出农户的种粮意愿与农业新技术需求意愿呈正向关系。

政策、环境等对技术选择意愿的影响。Feder 等（1985）指出公共资源配置、政府政策和土地制度会对农户的技术选择意愿产生影响。高启杰（2000）研究指出政策法规、基础设施建设会对农业技术的选择意愿产生影响。张兵等（2006）指出农户技术选择意愿会受到已选择农业技术的农户比例和村一级电话的可得性的影响。刘然（2013）研究指出农户农业技术的选择意愿会受到农户与新闻媒体的接触程度以及农业技术推广程度高低的影响。曹建民等（2005）指出农户是否参加培训显著正向影响农户的技术选择意愿。朱希刚（1995）研究发现，农户选择农业新技术意愿除了受到产量增加效果、农户的经济实力影响外，还受到政府推广和效率的影响，在偏远地区，兼业化程度较低的农户生产杂交玉米的意愿较低。吴园等（2005）研究指出，在国家一系列惠农政策出台之后，农民的生活质量得到了很大的提升，提高了农户选择新技术的可能性。

以计划行为理论为理论基础研究技术选择意愿的影响因素。陈儒等（2018）将影响因素分为农业项目和农户两个层面，运用多层Logistic模型分析低碳农业技术后续选择意愿问题，得出的结论：农户对于低碳农业技术选择后的效果评价较好，技术需求度和后续选择意愿均处于较高的水平，且不同经营规模的农户对低碳农业技术的选择程度、偏好程度存在一定差异。吴雪莲等（2016）利用二元Logistic模型分析农户选择高效喷雾技术意愿的心理归因，得出的结论：行为态度、主观规范、直觉行为控制均正向影响农户对技术的选择意愿，影响程度依次为主观规范大于行为态度大于知觉行为控制。王学婷等（2018）基于计划行为理论，将技术选择意愿设置成五个选项的分类变量，运用有序Logistic模型分析农户环境友好型技术选择意愿的影响因素，结果显示，行为态度、主观规范、知觉行为控制均显著影响农户选择意愿，技术收益预期、邻里效应和技术学习容易程度对技术选择意愿均有正向影响。

（2）技术需求优先序问题的研究

20世纪70年代，优先序问题的研究首次出现在国际水稻所对水稻生产制约因素的研究中，并且随着时间不断发展，在Herdt和Raily方法的基础上统一一套有关优先序问题研究的方法论。FAO提出了农作制优先序的研究框架，对未来30年世界不同区域农作制的发展进行了系统分析，并有针对性地提出相应的对策。J. Dixon等（2001）、成敏（2010）针对资源与环境、能源与气象等层面提出优先发展的战略建议。

对不同属性技术（喻永红，张巨勇，2009；王浩，刘芳，2012；满明俊等，2010；唐博文等，2010）农户技术需求的重点、优先次序及影响因素的研究结果表明，农户更加关注的是产前技术（如新品种技术）及产中技术（如施肥、灌溉等技术）的需求，对产后技术的需求相对较弱（廖西元等，2004；庄丽娟，贺梅英，2010）。

农户分化。廖西元等（2004）在对水稻生产技术的研究中发现，当前农户最需要的农业技术有新品种技术、新肥料技术、新农药技术、新的栽培技术。李宁（2016）研究发现，由于地区的不同、文化程度的不同、生产规模的不同以及年收入的不同，农户对前十项农业技术的优先序排序是不同的。

农户个人特征对技术优先序选择的影响。陈前江（2010）对菇农的生产行为进行研究发现，农户对香菇技术的排序依次为优良菌种、病虫害防治技术、轻简化栽培技术，年龄、受教育程度、家庭劳动力数量对农户收益有显著的正向影响。

农户家庭特征对技术优先序的影响。徐金海（2009）研究指出影响农户技术需求的主要因素包括收入水平、兼业化程度和种养规模，且农户最需要的技术服务形式是农业科技人员下乡。罗松远（2009）研究指出农户的技术选择会显著受到农业推广技术人员行为的影响。张耀刚等（2007）指出农户技术需求意愿会显著受到土地禀赋和技术培训的影响。

1.2.2　农户技术选择行为及其影响因素

国内外对于技术选择行为的研究，包括单一农业技术的选择行为及其影响因素（张舰，韩纪江，2002；韩青，谭向勇，2004；Dridi & Khanna，2005；刘红梅等，2008）。影响技术选择行为的因素有很多，大致可以分为以下几个方面：

农户特征对技术选择行为的影响。受教育水平显著正影响农户的技术选择行为（Feder et al.，1984；孔祥智等，2004）。Frankel（1971）和 Wills（1972）指出农户的技术选择行为需要资金的支持，家庭的经济收入是资金来源的主要途径，会对技术选择决策产生重要的影响。向国成等（2005）研究指出，发展中国家的农户通过兼业获取非农收入，农户兼业化有助于农业新技术的推广和扩散，提高农业生产效率。李争等（2010）指出兼业化程度与农户对农业技术的需求呈负相关关系。

风险对技术选择行为的影响。学者普遍认为，影响农户农业技术投入的因素除了个人和家庭特征之外，风险偏好有着更显著的影响，其边际效应更大（陈新建等，2015)，且对生产规模（陆文聪等，2005；李景刚等，2014)、生产行为带来影响，具有较高风险规避的农户会选择施用更多量、价格高的农药或化肥（米建伟等，2012；仇焕广等，2014)。生产规模较小的小农户与生产规模较大的大农户在技术选择时都应该将风险考虑进去，只是相对于小农户，大农户在做决策时受风险因素的影响较大（Kerri Brick et al.，2016；候麟科等，2014)。风险规避者与风险偏好者相比对新技术的态度更加谨慎（赵肖柯等，2012)，有较强的风险规避意识时大面积接受新技术的可能性较小（Pei Xu & Zhigang Wang，2012；Greiner et al.，2010)。

水价对节水灌溉技术选择的影响。有研究指出，对于目前粮食作物收益普遍较低的情况，通过调节水价和政府激励对选择节水灌溉技术的效果很小（刘红梅等，2008；韩青，2004)，但也有研究指出构建与用水量挂钩的收费机制可以有效促进稻农选择节水技术（廖西元，2006)，造成研究结论与假设不符的原因是我国东部、西部、中部三个区域的水价没有反映水资源的稀缺程度，因此研究水价对节水灌溉技术选择的影响，要在与水量挂钩的基础上才会发挥作用。

信息获取对技术选择行为决策的影响。信息被看成是影响技术选择的重要因素（Marra，Hubbell & Carlson，2001；Xu et al.，2009)，获取信息途径增加以及获取信息能力的提高会显著正向影响技术的选择行为（Gafsi & Roe，1979)。信息对更早选择技术的大户的行为决策有重要的影响（Linder，1980)。

同时与新技术有关的信息的公开程度会显著影响技术的选择决策（Lin，1991；Zhou et al.，2008)。信息可以通过与有经验的同龄人的交谈获得（Xu et al.，2009），并且影响信息可得性的相关因素（褚彩虹等，2012）、技术培训（曹建民等，2005）、社会资本、社会网络（Hailemariam Teklewold et al.，2013）是影响农户选择技术的重要因素。

技术环境特征对技术选择行为的影响。技术环境特征主要包括农业技术推广现状、地理环境情况等。农业技术的推广主要由政府相关部门主导，政府在进行技术推广时主要提供信息服务和补贴政策，因此大量的研究成果集中在政府推广政策影响的理论和效果两个方面。在政策影响上，Feder 等（1985）研究指出，农业技术选择信息服务具有典型的公共物品属性，在这样背景下，推广机构缺乏激励机制结构不合理等是政府推广机构效率低下的主要原因。由于农户进行信用贷款存在风险和不确定性，很多学者指出应该提供直接的补贴性贷款（Krause，1990；Kim，1992）。David 等（1984）、Stoneman 等（1986）研究指出，在完全竞争市场中，政府的补贴政策能够促进技术的选择并增加社会福利，但是在垄断条件下，政府的补贴政策能够促进技术选择但是不一定会使福利得到提升。童洪志等（2018）以演化博弈理论为基础，分析政府补贴、管制和农机推广三种政策组合对农户保护性耕作技术选择行为的影响机制，得出的结论：政府有必要采取政策刺激农户选择保护性耕作技术，但是单纯采取补贴政策对选择行为的刺激作用效果不佳，三种政策合力组合对选择行为的激励作用最佳。关于技术推广政策绩效问题研究，高启杰（2000）提出农民与推广人员接触的频率对于农户的技术选择行为有显著正向影响；王志刚等（2007）认为农技员入户次数越多农户对技术推广的满意度越高；廖西元等（2008）研究指出不同的技术推广形式对技术推广的效果有重要的影响；邓祥宏等（2011）应用 DEA 模型对农业技术补贴政策绩效进行的测算；满明俊等（2010）通过西北农户的调查数据，分析了技术环境对农户技术选择行为的影响及其差异。

还有部分学者研究不同的技术属性对技术选择行为的影响。满明俊等（2010）研究指出不同的技术属性会显著影响农户对农业新技术的选择行为，农户对不同属性技术的选择行为与影响因素具有一定的关系，包括线性关系、正U形关系、倒U形关系。唐博文等（2010）研究指出，农户由于家庭特征、外部环境特征的不同对不同属性的技术表现出不同的选择行为，相同的一个变量对农户选择不同属性技术的影响各不相同。在技术选择行为的相关研究中，对技术包中某子技术相关的问题具有一定的研究价值。Mann（1978）研究指出，农业技术并不是单一的一种技术，而是一系列不同的技术的组合，农户在进行农业技术选择时会根据自身需要自主选择并组合各个子技术，而不是选择全部。Rauniyar（1992）等研究指出，农户在备选择的七项子技术中选择了部分技术，其中三种技术的组合是最普遍的方式。Khanna（2001）运用双选择模型避免样本的选择性偏差，分析两种技术的共同选择情况。Moyo等（2004）、Yu等（2012）研究指出，农户在进行技术选择时，会以实现最大效用为目的选择一组技术束。国内学者主要应用Probit、Logit模型对农户选择单一的农业生产技术进行研究，但是农业生产技术不是孤立存在的，简单地对单一技术进行选择行为研究会忽视同时选择的其他技术的信息，降低研究结论的可信度。鉴于以上分析，少数学者也开始关注技术中众多子技术之间的关联。褚彩虹等（2012）应用联立双变量Probit模型分析农户在选择商品有机肥和农家肥之间的互补效应。王静和霍学喜（2012）应用局部可观察双变量probit模型分析了农户对果园精细化管理技术的联合选择行为。张复宏等（2017）同样也应用双变量probit模型，研究果农对过量施肥的认知，并对测土配方施肥技术选择行为的影响因素进行分析。

近两年对于技术选择行为也有新的研究进展，研究不再停留在选择与未选择的二分变量上，而是将选择行为分成计数变量，即考察选择技术的数量。耿飙等（2018）利用负二项回归模型，对农户环境友好型农业技术选择行为的影响因素进行分析，得出的结论：规模经营和环保认知提升能够显著促进农户选择多种环境友好型农业技术，与生产规模相比，环保认知对环保型农业技术选择的影响较大。

1.2.3 意愿与行为转化相关的研究

行为可以用行为主体的一系列过程来理解，而意愿则是行为的先导。意愿可以在一定程度对行为进行解释和预测，意愿对行为的解释有一定的局限，行为也会脱离于最初的意愿而存在。Ajzen（1991）指出意愿可以解释行为但是是无法估量的，意愿是决定行为的关键因素之一。Baumeister 和 Bargh（2014）、Kuhl 和 Quirin（2011）提出行为主体具有良好的意图（即意愿）对实现长期的稳定的行为目标具有很重要的意义。根据意愿到行为的实现的研究结果表明，通过行为主体的意愿预测其行为的效率比较低。Webb 和 Sheeran（2006）通过相关实验验证通过意愿的改变来达到行为的改变，研究结果显示意愿转化行为的指数为 0.36，就是说还有一半以上的意愿没有成功转化为行为。Kor 和 Mullan（2011）通过实验研究与睡眠有关的行为，研究结果表明即使时间很短，但是意愿预测行为的效果是很有限的，二者的相关系数仅为 0.17。因此，很多学者在此基础上，提出意愿和行为之间是有差距的（Godin & Conner，2008）。大部分学者对意愿预测行为比其他认知因素（Sheeran，Harris & Epton，2014）以及个性特征因素（Chiaburu et al.，2011）好的观点比较认同。换种说法理解，如果人们想进行一个新的行为，或者改变一项不可取的行为，最好是先形成一个新目标的个人意愿。

国内目前有关于技术选择意愿与行为转化的文献不多，只有当需求转化为行为，技术的推广才会产生效果，但是研究者已经将关注点转向意愿与行为的差异性或差异的研究上，已有关于意愿与行为的差异文献是对土地流转行为、参保行为、生育行为、绿色农药购买等的研究。余威震等（2017）利用 Logistic-ISM 模型分析了影响农户有机肥技术选择意愿与行为差异的因素，并进一步分析各影响因素之间的逻辑层次关系，研究结果表明，农户绿色认知差异是导致有机肥技术选择意愿与行为差异的重要原因之一，其中生态环境政策认知、化肥减量化行动认知是表层直接因素，绿色生产重要性认知是中间层间接因素，性别、年龄、从众心理、土壤肥力以及生产规模是深层根源问题。许增巍等（2016）同样利用 Logistic-ISM 模型分析农村生活垃圾集中处理农户支付意愿与支付行为影响因素，研究结果表明，筹资额度高低的认知属于表层直接因素，农户健康状况、年家庭人均纯收入和生活垃圾集中处理对环境改善效果的认知属于中层间接因素，社会网络和村人口密度是深层根源因素。钟晓兰等（2013）对土地流转行为的研究结果显示，土地流转意愿越强越容易发生流转行为，但是还是存在一部分农户有流转意愿但是没有进行土地流转，导致这种差异的原因是土地流转的外部环境。林本喜等（2012）对参保意愿和参保行为不一致原因的分析得出结论，较高的参保率在一定程度上是由于干部的影响，而不是农民自身利益的驱动。王格玲等（2013）对小型水利设施的合作意愿及行为进行研究，指出意愿和行为出现不一致的原因是年龄、农业生产情况、政府投入、农户认知因素的影响。马彦丽等（2012）对农户加入合作社的意愿、行为及转化进行研究，农户入社行为并不完全基于其对合作社的需求意愿，更多的是受其他因素（如外部因素）的影响。

1.2.4 效率的影响因素研究

技术效率是从投入产出角度衡量生产单元能够多大程度运用现有技术达到最大产出的能力，可集中反映产出能力、资源利用效率和成本控制等多方面的特征（李谷成等，2008）。已有文献对效率的测量方法主要集中在前沿理论的参数法（Boyle，2004；Hailu et al.，2007）和非参数法（Ariyaratne et al.，2000；Galdeano et al.，2006）。前者的优点在于考虑到了随机误差的存在并对相关假设进行检验，缺点是在假定前沿面之前就已经确定了函数的具体形式，且局限于单一产出。后者（主要是 DEA 方法）克服了前者的缺陷，但是传统 DEA 方法的缺点也是非常明显的：没有考虑随机误差；难以确定所估计效率值的渐进分布，该效率值对总体效率的估计是有偏的、不一致的（Kniep et al.，2003）；在估计置信区间时，对有限分布的估计将产生额外噪音（Simar & Wilson，2000）。基于此，Simar 和 Wilson（1 998；2000）发展起来的 Bootstrap-DEA 方法在一定程度上克服了传统 DEA 方法的局限，得到的估计量在比较宽松的条件下与实际值具有一致性。到目前为止，Bootstrap-DEA 方法仍然是弥补传统 DEA 方法缺陷的唯一可行的方法（Wilson，2006）。对技术效率影响因素分析的方法主要集中在 DEA 的 Malmquist 指数法和随机前沿法（Mead，2003；Cater，2003；顾海等，2002）。黄祖辉在对合作社效率影响因素进行研究的时候，使用了截断 Bootstrap 的方法，克服了 OLS 估计结果有偏、Toboit 模型的估计结果不一致的缺陷。章立等（2012）对农业经营技术效率的影响因素进行分析，认为传统的正规教育与地块细碎化程度对技术效率具有正向的影响，农户非农收入占比与信贷支持对技术效率具有负向的影响。

1.2.5 文献述评

综合以上文献发现，学者在农户对农业新技术选择意愿、选择行为单独的研究中，取得了很多成果，为本研究奠定了坚实的基础，具有重要的借鉴意义。从研究内容上看，学者研究了当前农户对于农业新技术的选择行为的现状和存在的问题，在一定的理论基础上运用数理模型对农户新技术选择行为进行分析，并研究技术选择行为的影响因素，指出技术推广过程中遇到的机遇和挑战，并给出相应的对策建议。并从不同农户经营规模，不同角度分析了当前农业技术推广体系的方向，肯定了农业技术推广是自上而下的推动型，认识到当前对于农户技术需求了解不足的现状，因而十分重视技术推广体系的建立，使农户的需求与技术的供给达到平衡。从研究方法看，学者大多选择案例分析方法、描述性统计分析方法、数理模型分析方法，有些学者选择案例分析方法试图探索出适合我国农民的技术推广服务体系，运用描述性统计分析方法可以清晰地看出不同经营规模农户个人特征、家庭特征等对于技术需求的影响。

但已有研究仍然存在一定的不足，大多停留在技术选择意愿与行为单方面的研究，对于技术选择意愿与行为差异的研究不够，但是技术选择意愿与行为的差异是真实存在的，也是当前技术推广服务体系所忽略的重要问题。因此，针对以上研究不足，基于农业经济学相关理论和辽宁农户的调研数据，按照“技术选择意愿—技术选择行为—技术选择意愿与行为差异—技术选择意愿与行为差异的效果”逻辑主线形成理论分析框架，从不同经营规模农户角度出发，深度挖掘技术选择意愿与行为差异的原因，最后根据研究结果，提出针对不同经营规模农户技术推广服务的建议。

1.3 概念界定、研究目标与研究内容

1.3.1 概念界定

(1) 农户

农户是农业社会以来最基本的经济组织，对于农户来说其农业生产主要依靠家庭原有劳动力。无论是发展中国家的个体农户，还是发达国家的家庭农场，都属于农户的范围（李光兵，1992）。农户作为农业生产单元既是一个家庭又是一个企业，同时具有生产和

消费两种行为，具有二元经济特征。根据《农民经济学》一书关于农户的描述，虽然农户成员也可能从事各种经营规模的非农劳动，但是农户的主要经济活动是从事农业生产，农户最大量的劳动是从事农业。同时，农户作为农业劳动者，能够获得土地将它视为生活的基础从事农业生产，在世界范围内，农户都具有一个重要的特征是土地配置的非市场化，土地是农户抵御生活风险的长久保证，是农户社会地位的一种体现。

国内外学者对农户不同的概念界定为农户行为研究奠定了基础，但是随着经济社会的发展与不断更新，农户的内涵与外延均发生了一定的变化。由于生产力的发展，农户家庭劳动力进行再次分工，家庭劳动力向非农工作转变，因而产生了一部分兼业农户，农户分化程度加强。农业生产中资本的不断投入深化，替代了部分劳动力，提高了农户的生产效率，从而实现了土地规模的扩张，土地规模的扩大，促进了机械化技术的应用与发展，改变了传统主要依靠人工的农业生产方式。生产中的每个环节都可以雇用农业服务组织，农业生产需要投入的劳动力逐渐减少。因此，在普通农户的基础上，衍生了耕地规模较大的专业大户和家庭农场。

综合以上对农户的概念界定和描述，并结合我国的实际情况，本书定义农户为以家庭为单位从事农业生产的经营主体。农户作为一种社会组织，以姻缘和血缘关系为纽带。本书研究的农户包括普通农户和大户。

(2) 经营规模

农户实际耕种的玉米生产面积。结合已有文献以及实际调研情况，将玉米耕地面积大于 40 亩的农户家庭定义为大户，耕地面积小于等于 40 亩的农户家庭定义为普通农户。

(3) 关键技术

在农业、渔业、畜牧业以及林业中可以被广泛应用的技术称为农业技术。本书选择了五种玉米生产关键技术，包括节水灌溉技术、测土配方施肥技术、保护性耕作技术、生物防治技术、机械化生产技术。从农业生产过程来看，配方施肥技术为产前技术，生物防治技术和节水灌溉技术为产中技术，机械化技术为产后技术。从技术属性上看，节水灌溉技术、生物防治技术、配方施肥技术、保护性耕作技术为高产型技术，机械化技术为劳动节约型技术；保护性耕作技术和生物防治技术为非物化类技术，即服务型技术，这类技术一般情况下是凝结在一定的生产工具或增加人力的消耗上，特点是很难得到，使用时边际成本高；节水灌溉技术、配方施肥技术和机械化技术为物化类技术，即可以通过购买获得的技术，节水灌溉技术和配方施肥技术是物化与非物化相结合但是以物化为主的技术。本书参考已有研究对农业技术的划分，将被选择的五种技术分成增产增效型技术（节水灌溉技术、配方施肥技术和机械化技术）、环境友好型农业技术（保护性耕作技术和生物防治技术）。

(4) 选择行为

有关选择行为概念的界定，学者提出了各自的见解，是指农户出于满足某种需要为目的，对传统的农业生产方式、传统的思维方式进行改变，并选择新的技术和方法的行为（满明俊，2010）。选择行为包括个体选择行为和群体选择行为两个方面的概念，个体选择即农户在接触农业新技术时，对其产生兴趣并尝试使用，进行评价和是否继续使用的决定过程；群体选择即是大多数农户选择的过程。结合学者的相关研究，本书将选择行为定义为，农户为了满足某种需要，这种需要可以是为了实现利益最大化或者是实现家庭效用的最大化等，而对农业新知识进行的了解、考量、试用、掌握并最终应用到家庭农业生产当中的活动过程。本书根据技术创新理论，将选择行为分成选择意愿和选择行为两个阶段。

1.3.2 研究目标

技术选择意愿反映消费者（农户）的需求问题，技术选择行为反映消费者（农户）的实际购买问题，不是所有的需求都会转化为实际的购买行为，因此农户的技术选择意愿与选择行为之间也必然存在差异。本书的总体目标是：用理论和描述统计的方法验证样本区农户玉米生产关键技术的选择意愿与行为选择之间差异的存在，并用实证分析的方法探求影响意愿转化行为的限制因素；解决技术供给与技术需求不对称的现实问题，并根据技术选择意愿与行为差异的产量贡献和技术效率的情况判断玉米生产关键技术的有效性，为技术推广提供参考。据此，提出以下三个子目标：

（1）基于消费者理论，分析影响不同经营规模农户技术选择意愿的因素，根据已有文献，对影响技术选择意愿的因素进行实证分析，以期提高农户选择技术的积极性。

（2）构建技术选择两阶段模型，从技术选择决策、选择强度方面分析影响不同经营规模农户技术选择行为的因素，找到影响不同经营规模农户技术选择决策的因素，以期为技术的推广提供支撑。

（3）分析不同经营规模农户技术选择意愿和行为决策之间转化的内在机制和阻碍因素，找到农户存在选择意愿但是没有技术选择行为的原因，并分析不同经营规模农户的技术选择意愿与选择行为差异的效果，分析不同经营规模农户技术选择意愿与行为差异的产量贡献、技术效率差异的内在机制，为现有农业技术推广政策进行优化。

1.3.3　研究内容

围绕研究目标，本书的研究内容主要有以下四个方面：

（1）不同经营规模农户技术选择意愿研究

基于消费者理论，将农户对技术产品的选择意愿用消费者的需求理论解释，消费者需求会受到很多因素的影响，因此农户对技术的选择意愿也会受到很多因素的限制。意愿是行为的先导，分析农户的技术行为决策，需要首先了解农户的技术选择意愿，有意愿的行为是自发的行为，无意愿的行为是被迫的行为，不符合经济学理性行为人的基本假设。

结合已有相关文献和数据的可得性，将其他解释变量分成四大类，分别是个体特征、家庭特征、技术特征、地理位置。其中，个人特征因素具体包括性别、年龄、受教育程度、健康状况；家庭特征因素具体包括农业劳动力人数、农业收入占比、耕地规模；技术特征因素具体包括是否经常与村民沟通、是否参加技术培训、是否加入合作社、家中是否有农技员、政策推广的满意程度；使用地理位置变量反映地区之间某些难以观察的差异。

（2）不同经营规模农户技术选择行为决策研究

意愿是行为的先导，是决定行为的关键因素，但是意愿不必然产生行为，因此农户对玉米生产关键技术产生意愿之后，有可能产生技术选择行为，即进入行为决策阶段。农户对新技术的选择决策包括两个阶段，即选择决定、采用强度，前者决定是否采用，后者以农户选择概率度量，选择强度决定选择多大面积。根据理性经济人的理论基础以及消费者选择行为理论基础，影响消费者的选择行为有很多因素，因此限制农户产生技术选择行为的因素也有很多，找到影响农户选择行为以及选择强度的限制因素，是分析农户需求和消费是否存在差异的前提条件。由于行为决策包括行为选择以及选择强度，在研究技术选择强度时，人为地剔除了技术选择行为0，即没有选择农业技术的那部分样本，这样就很可能使样本存在选择性偏误。为了解决样本的选择性偏误问题，这部分内容选择Heckman两阶段模型，该模型在解决样本选择性偏误问题上具有很好的修正作用。

被解释变量为技术选择行为，包括选择技术和未选择技术两种情况；技术选择强度包括绝对量和相对量两个变量，绝对量用技术选择个数来表示，相对量用选择面积占耕地总面积的百分比来衡量。解释变量分成五类，分别是个人特征、家庭特征、土地资源特征、风险、政策。个人特征包括性别、年龄、受教育程度；家庭特征包括农业劳动力人数、非农业收入占比、耕地规模；土地资源特征包括土地贫瘠指数、土地租入情况；风险包括受灾情况、家庭抚养负担、主观风险指数；政策包括技术服务组织形式、政策满意度。

(3) 不同经营规模农户技术选择意愿与行为差异分析

本书认为，行为主体在做出选择之前会考虑行为所带来的成本收益的变化，只有边际收入大于边际成本，即增加投入获得的增量收入大于增量投入做其他工作的增量收入时，才会产生选择技术的意愿，但是愿意从事某种行为并不意味着最终行为的发生，在实际的生产中意愿往往与最终选择不一致。在行为主体愿意从事某项行为之后，还必须考虑自身资源禀赋的约束，只有具备满足实际行为的相关资源时，其意愿才会转变成最终的选择行为。基于这样的概念框架，现实中很多愿意选择农业新技术的最终却没有选择，是哪些因素导致在技术选择过程中意愿与行为的转化？又是哪些因素阻碍了技术选择意愿与行为的转化？其内在的影响机制是怎么样的？为了回答这些问题，进行以下研究。

根据以上对技术选择意愿和选择行为的分析，及二者之间转化的概念框架，首先对意愿与行为的不一致进行理论上的解释与分析；其次将样本区农户对玉米生产关键技术的选择意愿与行为进行具体分类统计，人为地将发生技术选择行为的农户分为“自主选择”和“被动选择”，将未发生技术选择行为的农户分为“有意愿选择”和“无意愿选择”；最后针对有技术选择意愿的样本，对比分析“有意愿无行为”和“有意愿有行为”这两部分样本的差异，找到影响技术选择意愿与技术选择行为转化的因素。

将影响不同经营规模技术选择意愿与技术选择行为转化的因素归纳为以下4个方面：一是农户个人特征，包括性别、年龄（反映务农经验以及劳动能力）、受教育程度（反映学习能力）、健康程度。二是家庭特征，包括农业劳动力数量、非农收入占比、经济情况。三是心理因素，包括从众心理（反映是否可以不受外界影响独立做出决策）、信任程度（反映外界对决策的作用程度）、对技术效果的预期（反映对技术的认知）。四是外部环境，包括水资源的充足情况（代表技术选择的条件）、土地细碎化、技术难易程度（反映技术的学习成本）。

（4）不同经营规模技术选择意愿与行为差异的效果分析

经济行为人对于行为的结果以效率来评价，分析技术选择意愿与行为差异的产量贡献和技术效率，产量贡献是从“量”的方面描述技术选择的效果，技术效率则是从“质”的方面描述技术选择意愿与行为差异的效果。这里所选的产出变量为玉米的单位产出，投入指标包括化肥费用、其他物质费用、劳动力投入、机械费用、灌溉费用、土地投入（耕地面积）。

1.4 研究方法与数据来源

1.4.1 研究方法

（1）规范研究方法

本书以农户行为理论和消费者理论为理论基础，在此基础上从理论上解释了意愿与行为存在差异。并以成本-收益理论为基础，从社会和经济因素、农户技术选择的变化、农户的感知和响应、政策和环境等因素，构建了农户参与玉米生产关键技术选择行为及影响机理的分析框架。运用经济学和博弈论的知识对农户的技术选择行为决策进行解释。

（2）实际调查方法

本书以辽宁玉米生产户为调研对象，分析不同经营规模农户玉米生产关键技术的选择行为决策及效果，研究的数据主要来源于对辽宁三个市以及内蒙古通辽市、32 个村 702 户农户进行的实地调查。调查问卷的主要内容包括：被访农户个体特征基本情况、农户家庭特征基本情况、玉米生产的投入产出情况、玉米生产关键技术的选择意愿与行为基本情况、农业技术信息获取及财政政策基本情况等。

(3) 实证分析方法

本书综合运用多元统计分析方法、Logistic 模型方法、泊松模型方法、Heckamn 模型方法、SFA 模型方法等多种方法对不同经营规模农户玉米生产关键技术的选择行为及效果进行分析。具体为：运用多元统计分析方法对样本区农户的基本特征及技术选择情况进行描述；运用 Logistic 模型分析农户对玉米生产关键技术的选择意愿，运用泊松模型和 Heckman 模型分析不同经营规模农户对玉米生产关键技术的选择行为；运用对比分析和 Logistic 模型分析不同经营规模农户对玉米生产关键技术的选择意愿与行为的转化的限制因素；运用生产函数和 SFA 模型分析不同经营规模农户技术选择意愿与行为差异的效果。

1.4.2　数据来源

(1) 问卷设计

借鉴该领域已有文献的相关研究成果并结合本研究的研究目标和研究内容，初步制定了调查问卷的初稿。而后在通辽市进行了预调研，根据预调研存在的问题对问卷初稿进行了修改完善。组织师门例会，进行论证，对每一个问项逐项敲定。同时咨询相关教授和组织课题组成员进行专题论证，对预调研问卷再次进行修改，确定了问卷的最终版本，通过调研获得了本书的研究数据，为一手资料截面数据。

(2) 调研区域与调研时间

我国是玉米生产大国，产量约占世界玉米总产量的 20%，东北地区是我国玉米的重要产区，是一条可以与美国玉米带相媲美的

"黄金玉米带"。自2015年取消玉米临储政策后，我国玉米生产面积持续下降，据2017年发布的统计报告，2017年我国玉米生产面积53 167.8万亩，比2016年下降1 971.8万亩，下降了3.58%。在这样的政策环境下，辽宁玉米生产情况发生了怎样的改变、农民的生产积极性是否受到影响，都是需要关注的问题。本研究选取内蒙古通辽市进行预调研，对辽宁的苏家屯、昌图、朝阳3县市进行正式的问卷调查，由于通辽市与辽宁3县市的技术应用情况差异很大，因此，通辽市的数据只在描述性统计分析和产量贡献中使用。选择辽宁的3个县市，是因为它们玉米生产关键技术的应用相对较多，且新型经营规模的培育也相对超前。调研时间为2016年9月至2017年7月。

1.5 分析框架、技术路线与本书结构

1.5.1 分析框架

针对目前农业新技术选择率低下的现状，本书旨在研究不同经营规模农户对玉米生产关键技术的选择行为及效果问题。本书根据研究问题和研究目标，设计了研究框架。

首先，对不同经营规模农户技术选择意愿进行分析，根据已有文献，对影响技术选择意愿的因素进行实证分析。

其次，构建技术选择行为两阶段模型，即技术选择行为和选择强度两个阶段，对比分析影响不同经营规模农户技术选择行为的因素。

再次，分析不同经营规模农户技术选择意愿和行为转化的内在机制和阻碍因素，即分析为什么有些农户存在选择意愿但是没有技术选择行为的原因。

最后，针对不同经营规模农户进行产量贡献和技术效率分析，分析不同经营规模农户技术选择意愿与行为差异的效果问题，为技

术推广提供依据。

1.5.2 技术路线

见图1-1。

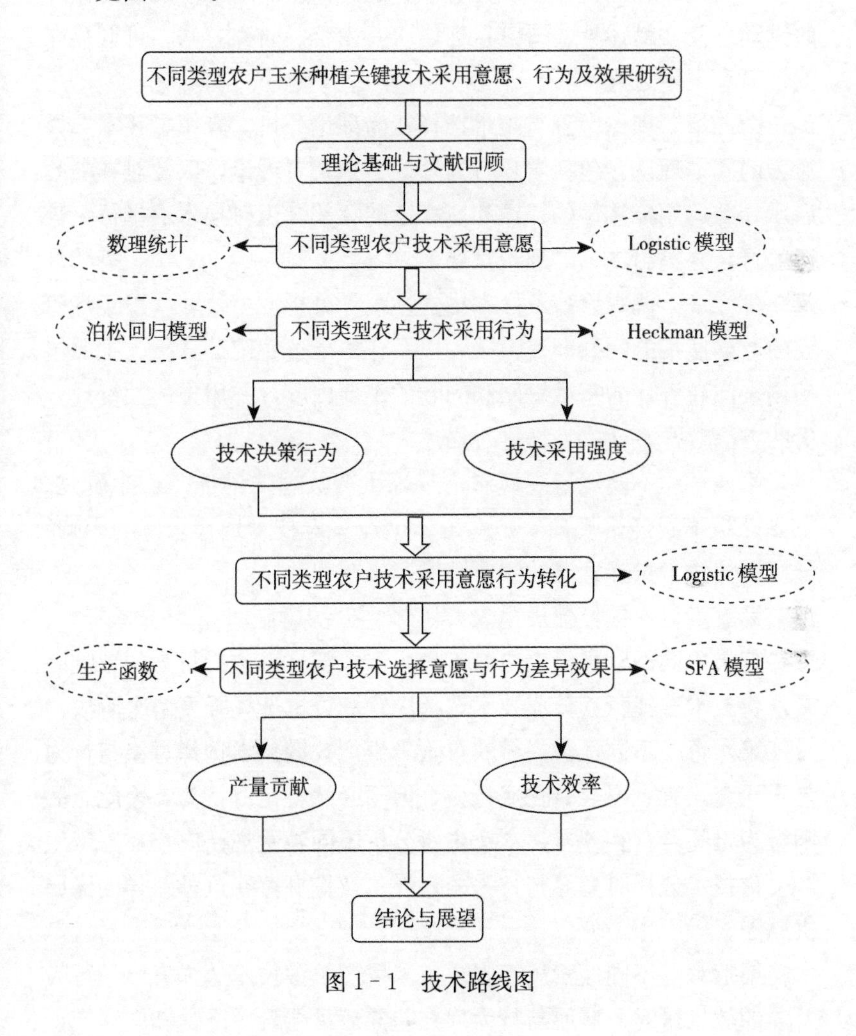

图1-1 技术路线图

1.5.3 本书结构

本书共由八章构成。

第一章 导论。介绍研究背景、选题依据、研究意义、国内外研究动态及文献述评、研究目标、研究内容、研究方法、可能存在的创新和不足之处。

第二章 理论基础与技术选择行为理论分析。介绍了技术选择行为的基本理论，包括农户行为理论、消费者理论，以及对本书的启示，并运用经济学的知识和博弈论的相关知识对技术选择行为进行解释，并提出本书的理论框架。

第三章 调查设计及样本描述性统计分析。主要介绍用于本研究的数据搜集的问卷调查设计，以及样本描述性统计分析。主要包括调查问卷设计的基本思路和问卷的主要内容，并用描述性统计分析的方法对样本基本特征进行描述。

第四章 不同经营规模农户玉米生产关键技术选择意愿研究。主要分析不同经营规模农户对玉米生产关键技术选择意愿的影响，分析影响技术选择意愿的主要因素。

第五章 不同经营规模农户玉米生产关键技术行为选择研究。主要分析不同经营规模农户对玉米生产关键技术选择行为的影响因素，将技术选择行为分成技术选择决定和技术选择强度两个阶段。

第六章 不同经营规模农户玉米生产关键技术选择意愿与行为差异研究。有意愿会转化成行为，但不必然转化成行为，因此意愿和行为之间会存在差异，本章主要分析不同经营规模农户在玉米生产关键技术选择时意愿与行为的差异，及挖掘存在这种差异的深层次原因。

第七章 不同经营规模农户玉米生产关键技术选择意愿与行为差异的效果研究。意愿与行为存在差异后可能会对产量和效率产生影响，产生何种影响，有哪些因素影响到产量和效率是本章研究的主要内容，本章也是对技术选择行为结果的研究。

第八章 研究结论与政策优化。根据实证研究的结果，总结不同经营规模农户技术选择行为的差异，为政府提供农民需要的技术做参考，并为之后的技术推广提出针对性的对策建议。

1.6 可能的创新之处和研究不足

1.6.1 可能的创新之处

（1）从研究对象上，本书将玉米生产关键技术的选择行为作为研究对象，技术之间并不是相互孤立的，而是相互影响的，因此单一研究某一项技术选择行为可能会使研究结论不准确，从这个角度出发，可能存在创新点。

（2）从研究视角上，研究不同经营规模农户的技术选择意愿与行为决策，分析不同经营规模农户在技术选择意愿及行为之间的差异，并进一步分析技术选择意愿与行为转化的障碍，找到有技术需求却没有选择技术的根本原因，在意愿转化成行为之后就会产生效率，针对不同经营规模农户计算其不同的技术选择的效果问题，在这样的一个逻辑框架之下，针对不同经营规模农户提出促进技术推广的建议，在研究视角上可能会有一定的创新。

1.6.2 研究不足

（1）样本选择与调研数据。在本书的调研设计和实际调研中，都尽量遵循随机抽取样本的原则，但是实际调查过程中严格遵循这一原则确实存在一定的难度，只能尽量按照随机抽样的原则进行调研。研究农户意愿属于事前行为，而研究农户行为是已经发生了事件，意愿和行为放在一起进行调研存在一定的问题，但是由于作者的水平及能力有限，这一问题在问卷设计时尽量将农户带回到刚接触到技术时的意愿，但也可能存在一定的不足。研究农户行为，若选择面板数据可能效果会更好。

（2）对农户行为的研究涉及管理学、行为经济学等多个学科的交叉，虽然作者尽力掌握相关学科的知识来解决本研究的科学问题，但是毕竟由于交叉学科的限制可能有些问题的研究还需要进一步深入和完善。

第二章　理论基础与技术选择行为理论分析

在第一章已有学者关于技术选择行为的研究基础上，本章总结了技术选择行为研究领域中的主流理论基础，包括农户行为理论、消费者理论，并指出基础理论对本书的启示，然后介绍了技术选择行为的理论分析，从技术选择行为的经济学解释和技术选择行为的博弈两个方面进行阐述。

2.1　理论基础

2.1.1　农户行为理论

(1) 理论的基本内涵：理性

农户行为理论的主要研究内容是农户的行为选择问题，重点研究农户选择行为所处的环境及其对行为实施结果的影响。农户作为农业生产的主体，其行为选择包罗万象，具体包括生产行为、生产资料消费行为、农业投资行为、生产决策行为等。“经济人”“非理性人”等说法都是国内外学者从农户选择行为研究中衍生出来的理论视角（蒋磊，2016）。

美国经济学家舒尔茨在《改造传统农业》一书中将小农定义为在农业生产中追求最大利益的理性经济人，具备经济理性的特点，是在现有的农业技术条件下善于利用各种内部和外部资源的人，且在做出行为选择之前会充分考虑成本和收益，只有当边际收益大于边际成本才会进行选择，因此在农业生产中经常会获得最优利润。在此之后波普金又进行了深入的研究，提出小农在进行行为选择时是在权衡了风险之后，追求最佳利益的，即所谓的理性小农。宋洪远（1994）将农户行为描述成农户在既定的经济环境中为了追求最佳利润对外部信息进行整合做出的反应。林毅夫（1990）也提出农户行为是为了追求效用最大化的目标。张纯洪（2006）提出，农户在各种外部环境的约束下不得不对利润最大化的目标选择放弃。基于以上的分析，农户行为的理论基础为理性，但是受外部环境条件的限制，很多农户的行为结果并不是完全理性的。理性是行为主体通过成本收益的比较和以趋利避害为原则对其所面临的一切选择进行优化组合，这个事件有两个特征，其一是适合实现指定的目标，其二是在既定的约束条件范围之内。

（2）有限理性小农

现实中的理性是有边界的，科斯对这一观点不认同，他认为人可以理解为是理性效用的最大化者。行为主体的有限理性基本假设构建在新制度经济学中的交换行为理论基础上，有限理性可以从理性的程度角度出发，包括潜在理性、即时理性和实际理性三种情况。简单地将理性作为假设前提是很难将经济活动分析进行细化的，因此，需区分理性的程度（何大安，2004）。伯特·西蒙指出，有限理性的农户在进行选择行为决策时存在理性和非理性两种情况，这是由于信息的局限性导致的。有限理性理论的代表人物是苏联经济学家蔡雅诺夫，他将农户看作是一种单纯的以满足自家消费为目的的行为个体，生产的目标是满足自家生存，并不是追求收益最大化的经济人，而是在追求既定收益下的成本最小或是在一定的劳动投入下获得产品最大化的社会人。他们的行为并不是理性的，很多时候，为了生存即使在亏损的情况还继续经营（陈杨，2013）。此后，詹姆斯·斯科特对这一观点进行了进一步的解释，他提出农民是按照“规避风险，安全第一”的原则进行经济利益活动的。

农民行为研究的代表人物恰亚诺夫、詹姆斯·C. 斯科特、黄宗智以及马克斯·韦伯等均认同农民的行为选择是一种非理性行为，提出农民的行为更多地倾向于非理性和道义层面。张兆曙（2004）应用实际的调查案例对这一观点进行了反驳，提出农民的行为生产是理性的。徐冬梅（2018）提出农民的行为选择不一定以非理性和传统主义倾向这两种形式进行表现，农民也同样可以成为市场经济中精于算计的经济人。

针对很多行为主体的行为结果是非理性的这一观点，Paul Slovic（1990）提出不确定性会导致行为个体在行为选择决策中以及决策结果中表现出非完全理性的状态。行为决策中存在的不确定性、锚定效应、过分自信等现象是行为主体在理性预期时受到外界干扰而产生的非理性行为，最终导致有限理性的行为结果。

根据行为理论，农户个体的行为是在对自身进行评价之后做出的决定，农户会根据自身所具备的条件对玉米生产关键技术的选择做出判断，是否选择，部分选择还是全部选择，农户的受教育程度、年龄等会使他们中的个体条件产生差异。同时，主观规范也会对农户的行为态度带来影响。当农户接触一项新技术时，对他比较重要的亲人的意见或者邻居的建议会明显影响该农户的行为态度。同时，如果预期选择技术以后会明显提高家庭收入，或者觉得技术比较容易，都会使农户更加倾向选择农业新技术。

(3) 多元化的农户行为目标

目标是行为主体追求的某种信仰，是人们对美好事物所抱有的基本观念，目标通常在不自觉中对行为主体的行为选择产生作用。追求个人的成功是行为主体发自内心的本质特性，因此人的行为目标通常不止一个，人们总是在追求两个目标，即个人价值目标和效用最大化目标。价值目标决定了行为个体在进行行为选择时的基本方向，当价值目标与个人的信念相吻合时，人们就会对实现价值目标的手段进行选择，希望以最小的成本实现最大的收益，即行为主体的效用最大化目标是实现价值目标的手段。

农民也是一种职业，他们是以农为生的职业人，不同于其他职业的人。农户的决策并不总是为了达到一定的目标而进行的。因此对农民进行总结，农民是一种社会个体，拥有个体的经济、社会和生活三个目标，并遵守集体和社会的总目标。农民作为一个经济主体，追求利益最大化是最基本的目标，但是农民所在的社会环境又表明农民不仅仅只是追求利益的最大化，还追求社会满足感的目标。农民作为一个行为主体，追求经济行为产生的效率是最主要的目标，在其进行行为选择时须兼顾风险与成本最小化的目标。从微观农户个体来讲，农户在生产经营过程中的两个基本目标是追求收入增长与收入稳定。

(4) 对本书的启示

从经济学的角度出发，农户如果将自身生产决策确定在边际收益等于边际成本这个点上，就会在现有的生产条件下达到利润的最大化。当农户以获得更高的经济利益为目标，选择农业新技术来降低生产的边际成本时，新技术的最先使用者的生产成本会显著下降，因而这部分农户会获得比之前更多的超额利润。当选择新技术可以获得超额利润这样的正向信息在农户中广为流传之后，农户出于追求利润最大化的目标，会不断进行技术的选择，从而促进农业技术的推广。当农业新技术的需求增加以后，农业新技术的供给量也会增加，供给曲线会向右平移，由此会部分抵消新技术使用带来的超额利润，但是仍然比没有选择新技术所获得的利润高。所以，农户追求超额利润的动机促使他们不断进行新技术的选择来降低生产的边际成本，这种追求更多的经济利益的行为又推动了新一轮的技术进步。

2.1.2 消费者理论

(1) 理论的基本内涵

消费者理论的主要内容是消费行为问题，重点是消费者的选择理论。消费者理论包括效用理论、有用性理论、需求理论、消费者选择理论等一系列理论。笔者将技术视作一种技术产品，农户对技术的选择意愿涉及需求理论，农户对技术的选择行为涉及消费者选择理论。

其一：消费者的需求理论，消费者的需求分为有效需求和实际需要两个不同的概念。有效需求是指在一定的价格之下，消费者愿意购买的商品数量。消费者的实际需要是指假设价格为0时，消费者所需要的商品数量。

其二：选择行为理论，消费者在满足相同需要的商品之间进行选择，消费者追求的是有用性与价格之比最高，也就是人们常说的性能价格比最高。已有研究认为理性选择理论是分析个人在既定环境中选择行为的理论。理论的核心是，个人在进行行为选择时始终是追求利益最大化的。行为主体会根据自己的偏好在不同的情况下做出不同的行为选择，不同的行为选择也会产生不同的结果。随着学科的发展，特别是科尔曼对社会科学体制结构的发展，理性选择理论与社会科学体制结果相融合，对科学选择理论的解释变得越来越复杂，以科尔曼为首的科学选择理论可以归结为以社会系统的宏观行为为出发点，合理化有意识行为。

（2）对本书的启示

农户在农产品市场，既是农业经营的生产者也是消费者，农户进行的农业生产经营决策取决于农户所能获得的最大化的经济利益，逐利性促使农户选择农业新技术进行更加有效率的农业生产。但农户不是无限制地增加对农业技术的需求，从理性选择的角度出发，边际效益和边际成本是农户选择行为所考虑的重要问题，选择技术的直接成本，包括学习成本、人工成本、时间成本等都会影响农户的选择行为。农户对技术的选择意愿用消费者需求表示，农户对技术的选择行为用消费者的选择表示，需求和选择之间存在差距，农户对技术的选择意愿与选择行为也不会完全一致。分析导致意愿与行为存在差距的原因，对于技术推广有重要的意义。

2.2 技术选择行为决策理论分析

2.2.1 技术选择行为的经济学解释

(1) 技术选择强度与效用函数

根据农户行为理论，农户是理性经济人，农户进行农业生产经营活动的目标是在既定的收入约束条件下追求效用的最大化。很多研究农户效用函数时只考虑时间和收入的因素，由于农户的特殊身份，既是生产者也是消费者，单独从农户消费者的角度进行分析是不全面的，因此本书加入技术和环境对农户行为决策的影响。基于此构建农户的效用函数 $U(C, T, E, O)$，其中 C 代表农户的消费，T 代表休闲时间，E 代表农业环境质量，O 代表其他外生变量。不难理解，农业生态环境对农户的效用有一定的影响，生态环境好，会对农户的身体以及心理产生一定的积极作用。农户的效用会随着消费和休闲时间的增加而提高，随着农业环境质量的改善而提高，即：$\frac{\partial U}{\partial C}>0$，$\frac{\partial U}{\partial T}>0$，$\frac{\partial U}{\partial E}>0$，$\frac{\partial U}{\partial O}$可能大于 0，也可能小于 0，这和外生变量的性质有关。农户进行农业生产追求效用最大化，效用最大化可以通过约束条件求解：

$$\max: U(C, T, E, O) \tag{2-1}$$

$$s.t.\ P_Q Q - P_K K + T_W W_{\varphi} + Y_0 - P_C C \leqslant 0 \tag{2-2}$$

$$T = T_W + T_L(\xi) + T_R \tag{2-3}$$

P_C 为农户购买商品的价格，C 为农户购买商品的数量。式 (2-2) 为农户的收入约束，农户的家庭收入由农业收入、非农收入和其他收入构成。农业收入由农产品数量和当期农产品价格决定，而农产品数量又受到投入的生产资料数量和劳动时间影响，农户对农业技术的选择强度也会对农产品的产出产生影响。

因此农户的农业收入可以表示为：$Y_f=Y_f(P_Q,Q,P_K,K)=P_QQ-P_KK$。农户的非农收入由非农劳动工资率、非农劳动时间和参与非农劳动的各种成本所决定，因此农户的非农劳动收入可以表示为：$Y_W=Y_W(T_W,W)\delta=T_WW_\delta$。农户的其他收入包括转移支付收入、利息收入、租金收入等，用 Y_0 表示。因此农户的总收入函数可以表示成如下形式：

$$Y=Y_f+Y_w+Y_0=P_QQ+T_WW_\delta+Y_0-P_KK \tag{2-4}$$

式（2-3）是农户的时间约束函数。T_W 是休闲时间，$T_L(\xi)$ 是农户的农业生产劳动时间，T_R 是非农劳动时间。ξ 是技术选择强度。

研究表明，农业生态环境的好坏直接决定农产品的产量和质量，当过量使用化肥和农药，土壤出现板结、肥力下降等问题时，农作物抵御自然风险的能力下降就会直接影响农产品的产出效率和农产品的质量。假设农业生态环境质量的初始值为 E_0，农业生态环境质量同时受到技术选择强度 ξ 和外生变量 S 的共同影响：

$$E=E[E_0,\xi,S] \tag{2-5}$$

且农业生态环境是关于技术选择强度的增函数，技术选择强度越高，越会科学施肥减少农药的使用，改善农业生态环境。由此，构造拉格朗日函数：

$$\begin{aligned}L=&U\{C,T_R,E[E_0,\xi,S],O\}+\lambda\{P_QQ[E(E_0,\xi,S),T_L(\xi),\\&K(\xi),\tau]-P_KK(\xi)+T_WW_\delta+Y_0-P_CC\}+\\&\mu[T-T_W-T_L(\xi)-T_R]\end{aligned} \tag{2-6}$$

对式（2-6）进行求偏导，求解农户效用最大化条件：

$$\frac{\partial L}{\partial C}=\frac{\partial U}{\partial C}-\lambda P_C=0 \tag{2-7}$$

$$\frac{\partial L}{\partial E}=\frac{\partial U}{\partial E}+\lambda P_Q\frac{\partial Q}{\partial E}=0 \tag{2-8}$$

$$\frac{\partial L}{\partial \xi}=\frac{\partial U\partial E}{\partial E\,\partial \xi}+\lambda P_Q\left[\frac{\partial Q\partial E}{\partial E\,\partial \xi}+\frac{\partial Q}{\partial T_L}\frac{\partial T_L}{\partial \xi}+\frac{\partial Q\partial K}{\partial K\,\partial \xi}\right]-\lambda P_K\frac{\partial K}{\partial \xi}-\mu\frac{\partial T_L}{\partial \xi}=0 \tag{2-9}$$

由式（2－7）、式（2－8）可以得出：

$$\frac{\partial U}{\partial E}\bigg/\frac{\partial U}{\partial C}=-\frac{P_Q\partial Q}{P_C\partial E} \tag{2-10}$$

可以看出农户农产品消费与农业生态环境之间存在替代关系，意味着农户在追求自身消费的同时，是以牺牲环境保护为代价的。对式（2－9）进行简化可得到如下函数形式：

$$\left[P_C\bigg/\frac{\partial U}{\partial C}\right]\frac{\partial U}{\partial \xi}+P_Q\frac{\partial Q}{\partial \xi}-P_K\frac{\partial K}{\partial \xi}-W_\delta\frac{\partial T_L}{\partial \xi}=0 \tag{2-11}$$

式（2－11）中，第一项表示选择某项玉米生产关键技术使农业生态环境质量提高给农户带来的边际效用；第二项表示选择某项玉米生产关键技术带来的边际收益，包括农业生产的边际收益、农业生产劳动的产出边际收益和环境产出的边际收益；第三项是选择某项玉米生产关键技术物质投入要素的边际成本；第四项是选择某项玉米生产关键技术的农业生产劳动的边际成本。在理性经济人的假设前提下，农户选择某项玉米生产关键技术的边际效用和边际收益之和等于边际成本时是最优解，只有当边际效用和边际收益之和大于边际成本时，农户才会选择这项农业新技术。

(2) 农户风险偏好与效用函数

农户在进行农业生产经营过程中，自身的风险偏好会对其行为产生影响。对于单个农户来说，改变或者接受新的生产方式，例如选择新的农业生产技术，会给农户带来一定的风险，改变或者接受新的农业生产技术对农户的农业生产带来的后果是不确定的，这种不确定性包括技术选择后的效果、农作物产量、农业收入等。因此用冯．诺依曼-摩根斯坦效用函数来反映农户的选择集合 δ，函数形式是 u：$\delta\rightarrow\vartheta$，即对于农户每一个选择 $g\in\delta$，都有一个效用值 $u(g)$被赋予。效用函数 u：$\delta\rightarrow\vartheta$ 具有期望的性质，因此满足 $u(g)=\sum_{i=1}^{n}p_i$。其中，p_i 是农户选择农业生产新技术后可能发生的所有结果的概率，a_i 是农户的技术选择行为。在农业收入为非负的前提下，农户对农业新技术进行各种投入。假设 $u(\cdot)$ 是农户VNM效用函数，对于任意一个行为选择 $g=(p_1\omega_1, p_2\omega_2, \cdots, p_n\omega_n)$，如果农户是风险规避的，则，$u[E(g)] = u(\sum_{i=1}^{n} p_i a_i) > u(g)$。

如图 2-1 所示，横轴是农户选择某种技术行为的收入，纵轴是农户所获得的效用，CE 是可以确定性收入，是农户在技术选择时的确定性等价物，即农户在面临确定性收入与技术选择是无差异的。因此，对于风险规避型农户，更倾向一笔确定性的收入，而非行为选择本身。

阿罗-普拉特用效用函数的二阶导数测度农户的风险规避程度，即 $R_a(\omega)\equiv-\frac{u''(\omega)}{u'(\omega)}$。公式的符号表示农户对待风险的态度，当 $R_a(\omega)$ 的符号为正时，农户是风险规避型的；当符号为负时，农户是风险偏好的；当 $R_a(\omega)$ 等于零时，农户是风险中性的。

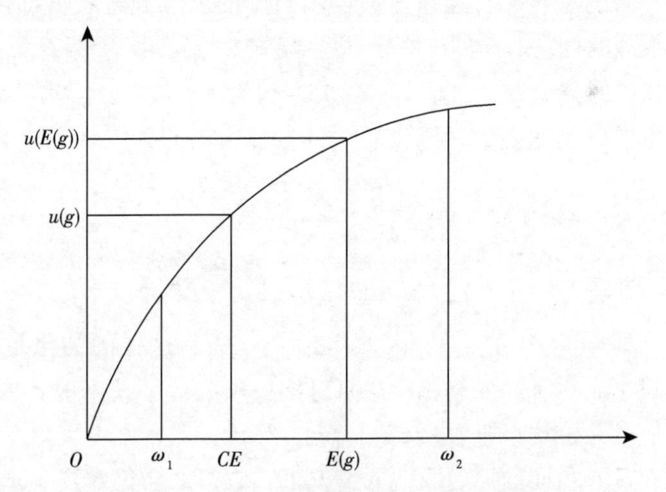

图 2-1 农户风险规避和 VNM 效用函数

现假设有两个农户，农户 1 和农户 2，他们的效用函数分别为

$u(\omega)$ 和 $v(\omega)$，ω 表示农户非负的收入水平。由此可以得出农户 1 和农户 2 的阿罗-普拉特风险规避测度值，分别为：

$$R_a^1(\omega) \equiv -\frac{u''(\omega)}{u'(\omega)}, R_a^2 \equiv -\frac{v''(\omega)}{v'(\omega)}, \omega \geqslant 0。$$

根据现实存在的情况，$v(\omega)$ 为非负的，因此可取 $[0, +\infty)$ 的所有 u（·）非负数值，基于此，定义，$h:[0,+\infty \to R)$，$h(x)=u[v^{-1}(x)]$，$x \geqslant 0$，$h(x)$ 是二阶可微的，对于所有 $x \geqslant 0$，存在：

$$h'(x)=\frac{u'[v^{-1}(x)]}{v'[v^{-1}(x)]}>0 \tag{2-12}$$

$$h''(x)=\frac{u'[v^{-1}(x)]\{u''[v^{-1}(x)]/v'[v^{-1}(x)]-v''[v^{-1}(x)]/v'[v^{-1}(x)]\}}{\{v'[v^{-1}(x)]\}^2} \tag{2-13}$$

由于 $u'(x)$、$v'(x)$ 均大于零，因此式（2-12）恒为正，成立。对于式（2-13），分母恒为正，分子可以简化成 $u'[v(x)](R_a^1-R_a^2)$，因此农户 1 和农户 2 的不同风险规避程度决定了式（2-13）的符号。在这里，假设农户 1 的风险规避程度即阿罗-普拉特测度值大于农户 2 的风险规避程度，即 $R_a^1>R_a^2$，则式（2-13）的分子为正，即式（2-13）恒为正，成立。因此，$u(x)$ 是严格递增的凹函数，假设农户的选择行为的确定性等价为 $\hat{\omega}_i$，则 $u(\hat{\omega}_1)=\sum_{i=1}^{n} p_i u(\omega_i)$，$v(\hat{\omega}_2)=\sum_{i=1}^{n} p_i v(\omega_i)$，令 $x=v(\omega)$，由詹森不等式可得：$u(\hat{\omega}_1)=\sum_{i=1}^{n} p_i h[v(\omega_i)]<h[\sum_{i=1}^{n} p_i v(\omega)]=h[v(\omega_2)]=u(\hat{\omega}_2)$。即 $u(\hat{\omega}_1)<u(\hat{\omega}_2)$，因此得出 $\omega_1<\omega_2$。这样的结果可以说明，对于农户 1 和农户 2，在面对同一项农业新技术时，农户 1 的确定性等价均小于农户 2 的确定性等价。即，假设农户 1 和农户 2 在具有相同的原始收益的情况下，农户 2 会比农户 1 选择更多的农业技术，也即风险规避程度较低的农户会选择更多的农业新技术。

2.2.2　不同经营规模农户技术选择行为的博弈分析

农户选择玉米生产关键技术行为可以用博弈论进行分析。首先，是因为不同经营规模农户在面对农业新技术时，都会面临做出是否选择农业技术与选择多少技术的问题。农户之间的博弈往往是比较复杂的，例如，农户在决定是否选择农业新技术时，要考虑与其他选择玉米生产关键技术的农户之间的博弈。这时，就需要农户对其他农户的行为进行先前的预估，但是其他农户可能会做出另一种判断，因此农户与农户之间的博弈是比较复杂的，很难做出较准确的判断。而且，农户是存在在整个大环境中的，当外界环境发生变化时，某一个农户或某些农户的行为可能就会发生改变，可能突然选择某项技术或者突然放弃。其次，基于有限理性理论，农户的行为是一个不断学习和调整的过程，即出于有限理性考虑，农户并不能清楚地判断自己行为的得失，但是可以清楚地掌握先前与自己利益相关的其他农户的信息，因此学习模仿是农户的理性选择。因此，农户的技术选择行为类似于有限理性下的群体动态进化博弈过程。

为了分析方便，做出如下基本假定：①农户生产的是同一种产品，且不存在产品过剩的情况。②选择玉米生产关键技术和未选择技术时农产品的单位价格均为 P。③C_1、C_2 分别为选择玉米生产关键技术和未选择技术的农户的单位生产生产成本，选择新技术需要投入更多的时间和资金，一般 $C_1>C_2$。④当农户都选择玉米生产关键技术时，可以产生规模经济效应，农户之间通过学习，交流获得经验，可以使农户选择玉米生产关键技术进行生产时的单位生产成本下降 D。⑤假设有 n 个农户，参与人集合 $i\in R$，$R=\{$农户1，农户2$\}$，每个农户策略选择集 $S=\{$采用，不采用$\}$，参与人收益函数为 $u_1\{s_1, s_2\}$，农户群体中任意两两农户之间进行随机博弈，博弈收益矩阵如表 2-1 所示。

表 2-1 农户博弈的收益矩阵

		农户 2	
		选择	不选择
农户 1	选择	PC_1+D，$P-C_1+D$	$P-C_1$，$P-C_2$
	不选择	$P-C_2$，$P-C_1$	$P-C_2$，$P-C_2$

农户技术选择行为决策收益表述为：

$$U_1=(s_1,s_1)=P-C_1+D, U_2=(s_1,s_1)=P-C_1+D$$

$$U_1=(s_1,s_2)=P-C_1, U_2=(s_1,s_2)=P-C_2$$

$$U_1=(s_2,s_1)=P-C_2, U_2=(s_2,s_1)=P-C_1$$

$$U_1=(s_2,s_2)=P-C_2, U_2=(s_2,s_2)=P-C_2$$

根据农户不同的生产规模，可以将上述博弈分成三种情况：

(1) 如果农户 1 和农户 2 的经营规模均比较大，并且双方选择某种玉米生产关键技术的收益均大于未选择时的状态，在这样的情况下，不论对方做出何种选择，农户自身都会选择玉米生产关键技术，因为选择技术可以带来更多的收益，这时农户 1 和农户 2 之间的博弈就达到了唯一纳什均衡解（选择技术，选择技术）。纳什均衡强调的是，相互作用的经济主体，假定其他主体选择的战略为既定时，选择自己的最优战略状态，即达到了纳什均衡状态。因此在这种状况下，模型存在纳什均衡，农户 1 和农户 2 实现了“良性循环”。

(2) 如果农户 1 和农户 2 的生产经营规模不同，且较大的农户 1（或农户 2）选择玉米生产关键技术能够获得更高的收益，而农户 2（或农户 1）选择玉米生产关键技术需要付出更高的成本，此时，农户为了追求自身利益的最大化或成本的最小化，农户 1（或农户 2）会选择选择玉米生产关键技术，而农户 2（或农户 1）不论农户 1（或农户 2）做出何种选择，都不会选择玉米生产关键技术。这时，模型也到了唯一的纳什均衡，即（选择技术，不选择技术）或者（不选择技术，选择技术），从而形成“智猪博弈”。智猪博弈强调的是最大化自己的利益，因此在这种情况下，规模较小的农户会不选择技术。

（3）如果农户1和农户2生产经营规模均较小，并且双方选择玉米生产关键技术的收益均小于不选择技术的收益，这时，无论对方怎么选择，农户都会不选择农业新技术，这时模型达到了唯一的纳什均衡（不选择技术，不选择技术），因此也形成了“囚徒困境”。囚徒困境只能作为简化模型参考，具体决策还需要具体分析。

根据以上的假定条件，运用复制动态演化博弈的进化稳定策略（ESS）来进行分析。假定农户群体中选择玉米生产关键技术的比例为 x，则不选择该技术的群体比例为 $1-x$。因此，对于农户Ⅰ博弈方的期望收益和平均收益为：

$$U_{采用}=x(P-C_1+D)+(1-x)(P-C_1)=P-C_1+Dx$$

$$U_{不采用}=x(P-C_2)+(1-x)(P-C_2)=P-C_2$$

$$U_{平均}=xU_{采用}+(1-x)U_{不采用}$$

由此得出，复制动态方程 $F(x)$：

$$F(x)=\frac{\mathrm{d}x}{\mathrm{d}t}=x[U_{采用}-U_{平均}]=x(1-x)[(C_2-C_1)+Dx]$$

农户的行为决策不是一成不变的，是会随时间而改变或调整的，当 $F(x)=0$ 时，说明改变或调整的速度为0，此时行为决策的博弈过程是一种相对稳定的均衡状态。由此可以得出，当 $F(x)=\frac{\mathrm{d}x}{\mathrm{d}t}=0$ 时，$x_1=0$，$x_2=1$，$x_3=(C_1-C_2)/D$。

$x_1=0$ 和 $x_2=1$ 这两个稳定点代表农户倾向做出相同的决策，前者是农户均倾向不选择玉米生产关键技术，后者是农户均倾向选择玉米生产关键技术。第三个稳定点 $x_3=(C_1-C_2)/D$ 是混合策略均衡点，即选择两种决策的农户各占一定的比例，且这三个稳定点并不都是进化稳定策略（ESS）。

ESS指的是有一个稳定状态必须具有一定的抗干扰的能力，假设进化稳定策略均衡点为x^*，除了自身是稳定均衡点之外，还必须具有在偏离稳定状态时具有恢复到均衡状态的能力。即若x偏离了x^*，复制动态仍然会恢复到x^*。即，若$x<x^*$时，$\frac{dx}{dt}>0$，则x上升到x^*；当$x>x^*$时，$\frac{dx}{dt}<0$，则x会下降到x^*，即$F'(x)=(\frac{dx}{dt})'<0$。根据基本假定$C_2>C_1$，容易得到$F'(x=0)=C_2-C_1<0$，$F'(x=1)=-(C_2-C_1+D)<0$，因此$x^*=0$和$x^*=1$都是ESS，$F'(x=\frac{C_1-C_2}{D})=\frac{C_1-C_2}{D}\times(D+C_2-C_1)>0$，所以不是ESS。

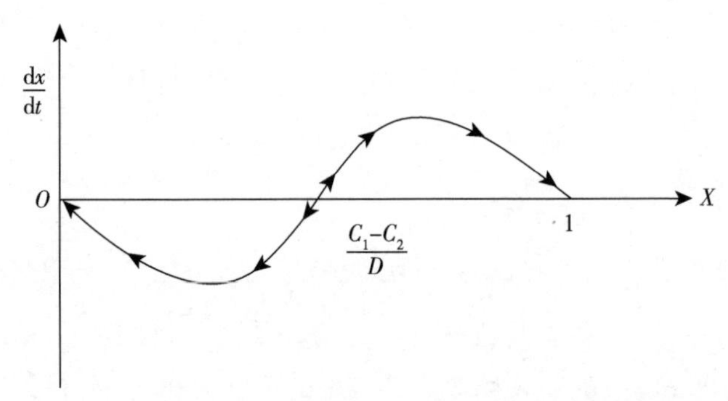

图2-2　农户技术选择过程中进行博弈的复制动态图

如图2-2所示，当群体农户选择玉米生产关键技术的比例超过$(C_1-C_2)/D$时，农户通过彼此之间的相互沟通和学习，会促使越来越多的农户选择玉米生产关键技术，最后达到群体中所有农户均选择玉米生产关键技术的状态；当群体中农户选择玉米生产关键技术的农户比例低于$(C_1-C_2)/D$，则农户倾向不再选择，最后群体中的农户均不选择玉米生产关键技术。

因此，如果想要群体中有更多的农户选择相关技术，就要使

$(C_1-C_2)/D$ 的值尽可能地小，即 C_1-C_2 相对较小，D 相对较大。因此，当群体中选择玉米生产关键技术的农户比例较低的时候，政府应该发挥积极的干预力量，通过技术培训、政策补贴等形式降低农户由于选择新技术带来的成本。

2.3　不同经营规模农户技术选择行为逻辑框架

理论界关于技术选择的过程包括 Rogers 的创新决策过程和 Spence 的技术选择过程。Rogers 将创新决策过程分为认知、说服、决策、实施、确认五个部分，Spence 将技术选择过程分为认知、兴趣、评价、尝试、满意、选择和拒绝或评价替代选择。本书结合 Rogers 和 Spence 的研究以及农业技术推广的实际情况，将农户技术选择行为的研究分为技术选择意愿、选择行为、选择意愿与行为的差异、意愿与行为差异的效果四个部分。农户在接收到玉米生产关键技术信息后，首先是认知了解阶段，其次是产生需求意愿，只有存在需求意愿农户才会有选择行为决定，这个阶段包括决定是否选择以及技术选择的强度，在选择技术之后分析技术选择意愿与行为是否存在差异，及差异存在的原因，最后技术选择会对农户的农业生产有影响，具体体现在作物产量贡献和技术效率的改变上面。

本书将农户的经营规模作为主要的变量，分析其对农户技术选择行为的影响。之所以选择经营规模这个变量是因为不同经营规模的农户具有不同的预算约束。已有研究指出小农场比大农场的生产效率高，主要的原因是小农场具有较高的生产率以及较低的监督成本。农户的经营规模受到两方面因素的影响，其一是所具备的耕地资源条件以及管理水平；其二是土地流转的形式使得农户的经营规模得到改变，并通过生产环节合作的方式，实现规模化生产。

农户选择某项玉米生产关键技术的动机主要是利润需求、生产需求以及生活需求，农户在接受某项关键技术的信息后，会对信息进行处理，从理性经济人角度出发，当边际收益大于边际成本时，对农户有积极的正向激励，农户会积极地采用这项农业技术；当边际收益等于边际成本时，对农户没有正向激励，农户可能选择采用该项技术，也可能选择不采用该项技术；当边际收益小于边际成本时，对农户有负向的激励作用，农户不会选择该项技术。本书所选择的玉米生产关键技术因其自身具备的经济效益、环境效益和生态效益，农户在自身对技术的利润需求、生产需求和生活需求的基础上与技术所具备的各种价值进行匹配，同时受到农户个人特征因素、家庭特征因素、社会和经济因素、政策环境因素等的影响会对技术参与方式和参与程度产生改变，如图 2－3 所示。

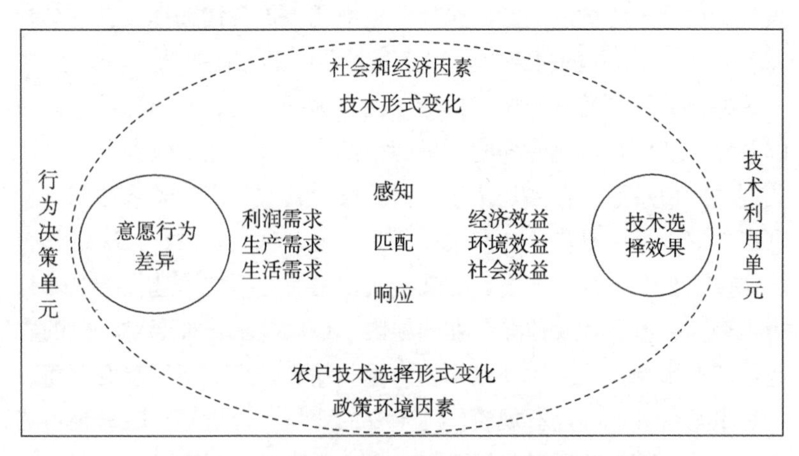

图 2－3　农户技术选择行为影响机理分析框架

第三章 调查设计及样本描述性统计分析

本章主要介绍本研究所使用数据的问卷设计、数据来源及样本的描述性统计分析。第一节介绍问卷设计的基本思路，第二节用描述性统计分析的方法对样本的基本特征进行描述，第三节样本农户的技术选择行为描述。

3.1 问卷设计

3.1.1 问卷设计的思路

借鉴已有的关于影响技术选择行为决策因素的测量指标，并结合本书的研究目标和研究内容，初步制定了调查问卷的初稿。而后在通辽进行了预调研，根据预调研存在的问题进行了初步的修稿和完善。组织师门例会，进行讨论和论证，对每一个问项进行敲定。同时咨询相关教授和组织课题组成员进行专题论证，对预调研问卷再次进行修改，确定了问卷的最终版本，通过调研获得了本书的研究数据，为一手资料的截面数据。

3.1.2 问卷设计的主要内容

结合本书的研究目标和研究内容，借鉴相关的文献研究，搜集调查区域农户及个人家庭信息以及技术特征、政策环境等其他影响因素信息，在调查中明确调查的内容是调查时点上一年的农业生产经营情况。

(1) 农户个人特征信息

农户性别：性别是一个二值变量，当农户是男性取值为 1，农户是女性取值为 2。农户性别会对农户的技术选择行为产生影响，在我国农村，被访农户普遍为男性，在进行农业生产经营时，男性具有一定的决定权，女性更关注高产和节约劳动力的技术。

农户年龄：以被访农户实际周岁年龄统计。为了分析需要，本书将被访农户年龄在 18～30 岁的设置为 1，在 31～40 岁的设置为 2，在 41～50 岁的设置为 3，在 51～60 岁的设置为 4，在 60 岁以上的设置为 5，在描述性统计分析时选择被访农户的实际年龄进行统计，在实证分析时选择分段数据进行分析。被访农户的年龄会对技术选择行为产生影响，年长者由于生产经验比较丰富，喜欢沿用以往的生产经验，在面对新技术时持有保守的态度，不愿意选择新技术。被访农户年龄较小，由于具有冒险精神，在接触新技术时往往比年长者更愿意选择。

受教育程度：以被访农户的实际受教育年限统计，将受教育程度在小学及以下设置为 1，受教育程度为初中设置为 2，受教育程度为高中、中专、职高设置为 3，受教育程度为大学及以上设置为 4，受教育程度为研究生及以上设置为 5，描述统计时按照农户的实际受教育年限统计，实证分析中按分段数据进行分析。农户的受教育程度会对农户的技术选择行为产生影响，受教育程度越高，越容易接受新技术，新技术给农户带来的学习成本越低，则农户越容易选择新技术。

身体健康状况：以被访农户自我评价的身体健康状况来统计，将身体健康状况非常差、差、一般、好、非常好分别设置成 1、2、3、4、5。农户的身体健康状况会影响农户的技术选择行为。农户身体健康状况很好的情况下，会比较倾向尝试新的事物，尝试接受新的农业生产技术，可能会追求一些可以提高收入但是相对较难的技术，比如节水灌溉技术以及配方施肥技术，身体健康状况较差的农户可能倾向省时省力的技术，比如机械化技术。

加入合作社：这是一个二元选择变量，加入合作社设置为 1，未加入合作社设置为 0。农户是否加入合作社会对农户技术选择行为产生影响，加入合作社，社员之间的沟通交流会使农户获得很多经验，会对技术选择行为产生积极的作用。

务农热情：将 1、2、3 分别设置为务农热情低、中、高三类，务农热情会对农户的技术选择行为产生影响，农户的务农热情高，会对农户的技术选择行为产生积极的作用，更倾向选择某项农业新技术。

(2) 农户家庭特征信息

家庭劳动力人数：以被调查者家庭中年龄在 16～60 岁实际劳动力人数来统计。家庭劳动力人数会对农户技术选择行为产生影响，家庭劳动力人数越多，越有助于扩大生产经营的规模，采取多元化的农业生产技术进行农业生产。

农业收入占比：以被调查者农户家庭农业收入占家庭总收入的百分比来统计。农业收入占比会对农户技术选择行为产生影响，该比值可以作为衡量农户是否兼业以及兼业的类型。农户农业收入占比越高，说明农户以农业生产经营为主，农户对农业生产投入的资金和时间相对较高，因此对农业新技术的选择具有积极的作用。

耕地规模：以被调查者实际的家庭经营规模来统计。耕地规模会对农户的技术选择行为产生影响，同时也是划分农户经营规模的依据。本书根据已有相关研究在调查时将农户经营规模分成种田大户、家庭农场、合作社、龙头企业、普通农户 5 种经营规模，根据调查者自己选择所得。在实际问题的分析时，考虑到数据的可得性最终将农户分成普通农户和大户两种。

(3) 资源禀赋特征信息

土壤质量：根据被调查者选择来计，将土壤质量设置成 5 分类变量，从1～5分别是非常差、差、一般、好、很好。土壤质量对农户的技术选择行为具有一定的影响，土壤质量越好，农户越倾向投入更多的资源以获得更大的收益，同时也会对农业新技术产生积极的作用。

土地租入情况：这是一个二元选择变量，选择是设置为1，选择否设置为0。是否有租入土地会对农户的技术选择行为带来影响，农户在租入的土地上往往倾向选择提高产量的技术，而不会考虑是否破坏土壤环境，而在自己经营的地块，往往综合考虑经济因素和环境因素而做出技术选择。

水资源是否充足：这是一个5分类变量，从1～5设置为非常差、差、一般、好、非常好。这个变量衡量的是农业生产的灌溉条件。水资源是否充足会对农户的技术选择行为带来影响，具体表现为，当农业灌溉水资源比较匮乏的情况下，农户可能更加倾向选择节水灌溉技术。

资金支持：这是一个二元选择变量，根据实际调查情况来统计，选择是设置为1，选择否设置为0。是否有资金支持会对农户的技术选择行为产生影响。具体表现为，对于普通农户来说，缺少资金会阻碍其对农业新技术的选择，如果有资金支持，农户会比较倾向选择某项玉米生产关键技术。

(4) 技术特征信息

是否经常与村民沟通：这是一个二元选择变量，选择是设置为1，选择否设置为0。是否经常与村民沟通会对农户的技术选择行为产生影响。我国农村居民有一定的从众心理，当一个农户选择了某种玉米生产关键技术，并且提高了收入，那么经过沟通交流，农户就容易产生选择技术的想法。

获取技术信息途径的数量：以被调查者实际的技术信息获取途径来统计。技术信息获取途径会对农户的技术选择行为产生影响，技术信息获取途径较多的农户，更倾向选择农业新技术。

是否参加技术培训：这是一个二元选择变量，选择是设置为1，选择否设置为0。是否参加技术培训会对农户的技术选择行为产生影响，技术培训可以帮助农户很好地理解农业新技术，会对技术选择有积极的促进作用。

与推广人员交流的次数：以实际被调查者选择的次数来统计，与推广人员交流的次数越多，说明农户的务农热情以及学习热情越高，倾向主动获取知识，对新事物的态度比较积极，因此会对技术选择行为具有积极的促进作用。

家中是否有农技员：这是一个二元选择变量，选择是设置为1，选择否设置为0。家中有农技员，接触的农业技术信息较多，对于技术的掌握也比较全面，因此对技术选择具有积极的作用。

政府推广：是否有政府推广，这是一个二元选择变量，选择是设置为1，选择否设置为0。是否有政府推广对农户的技术选择行为会产生影响，具体表现为，当政府对某项玉米生产关键技术进行政府推广，如进行补贴或者提供设备等，农户出于理性经济人的角度，选择技术所获得的收益大于选择技术需要付出的成本时，农户会选择此项技术，反之，如果没有政府的推广，农户可能不会轻易选择此项技术。

贷款的难易程度：这是一个5分类变量，从1～5分别设置成非常不容易、比较不容易、一般、比较容易、非常容易。贷款的难易程度会对农户的技术选择行为产生影响，具体表现为，农户在选择农业新技术时，通常情况下是缺少资金和技术支撑的，如果金融机构对普通农户的贷款比较困难，那么农户就没办法选择农业新技术，即便自身有选择农业新技术的意愿，也会因为缺少资金而放弃。

(5) 风险信息

自然风险：用农作物受灾情况来考量，用农作物在上一年的农业生产中是否遭灾来统计，这是一个二元选择变量，选择否设置为

0，水灾设置为 1，旱灾设置为 2，风灾设置为 3。自然风险会对农户的技术选择行为产生影响，具体表现为，当农业生产中农作物遭灾，则农户可能倾向选择农业技术提高产量来抵御自然风险。

家庭风险：用赡养系数来考量，根据调查农户家庭中年龄小于 16 岁及大于 60 岁没有劳动能力人口的数量占家庭总人口的比例来统计。家庭风险会对农户的技术选择行为产生影响，具体表现为，当农户家庭中需要赡养的人数越多，农户家庭中具有劳动能力的人数越少，进行农业生产的积极性也会相对较低，那么农户选择农业新技术积极性也会相对较低。

主观风险指数：主观风险指数主要通过受访农户对以下 6 个测度问题描述的级别评分进行综合计算：我认为不冒风险就没有收入；为了获取更多收入，我愿意冒风险和承担损失；只有确信没有风险，我才愿意投资；投资新的产品是有风险的，我一般不做；我更愿意进行较为安全的投资；如果我确信投资能获利，我将借钱投资。调查中农户对这些问题从 1～5 进行评分，1 表示完全不同意，5 表示完全同意。上述 6 个问题中，第三、第四和第五个问题评价等级分数越高说明农户越倾向规避风险，而其他三个问题的评分则相反。因此，本书对第一、第三和第四个问题的评价分数进行了处理，使其与其他三个问题风险态度的方向一致，从而获得相应的风险指数，风险指数评价等级分数越高说明农户越倾向偏好风险。农户的主观风险指数会对农户的技术选择行为产生影响，具体表现为，当农户是风险偏好型时，农户在接触农业新技术时，为了追求更高的利益，可能会更容易选择某项农业新技术；当农户是风险规避型时，农户在了解到农业新技术时，可能会持保守态度，而不会轻易选择某项农业新技术。

3.1.3 数据来源

我国是玉米生产大国，产量约占世界玉米总产量的 20%，东北地区是我国玉米的重要产区，是一条可以与美国玉米带相媲美的“黄金玉米带”。自2015年取消玉米临储政策后，我国玉米生产面积持续减少，据2017年发布的统计报告，2017年我国玉米生产面积53 167.8万亩，比2016年下降1 971.8万亩，下降3.58%。在这样的政策环境下，辽宁及内蒙古的玉米生产情况发生了怎样的改变？农民的生产积极性是否受到影响？都是需要关注的问题。沈阳农业大学经济管理学院玉米生产关键技术农户选择行为研究团队于2016年9月至2017年7月进行了三次实地问卷调研以及一次预调研，调研地点选取了辽宁的苏家屯、昌图、朝阳3个县市以及内蒙古通辽市，之所以选择这4个县市，是因为这4个县市玉米生产关键技术的应用相对较多，且新型经营规模的培育也相对超前。调研选择随机抽样的方法，每个村随机选取农户进行问卷调查，由此共发放4个县市9个镇32个村的752份问卷，删除未答、漏答和前后有逻辑错误等问题的无效问卷，最终得到有效问卷702份，问卷有效率为93.35%。

如表3-1所示，苏家屯调查了2个镇6个村，问卷总数109份，其中，八一镇57份，占苏家屯问卷总数的52.29%，王家子村发放问卷数量最多，共22份，占20.18%；沙河镇问卷总数52份，占苏家屯问卷总数的47.71%，其中黄旗村发放问卷数量最少，共20份，占18.35%。昌图调查了2个镇8个村，问卷总数190份，其中，毛家店镇85份，占昌图问卷总数的44.74%，日月村发放问卷数量最多，共25份，占13.16%；宝力镇105份，占昌图问卷总数的55.26%，其中英桃村发放问卷数量最多，共31份，占16.32%；朝阳北票市调查了2个镇7个村，问卷总数89份；朝阳建平县调查了2个镇7个村，问卷总数122。朝阳问卷总数211份。其中五间房镇问卷总数39份，占朝阳总问卷数的18.48%，插花村调查数量最多为17份，占8.05%；泉巨乡问卷数量为50份，占朝阳总问卷数量的23.69%，新店村发放问卷数量最多，共18份，占8.53%；马扬镇问卷数量为67份，占朝阳问卷总数的31.75%，小伍家村发放问卷数量最多，共24份，占11.37%；沙海镇发放问卷数量为55份，占朝阳总问卷数量的26.08%，金黄地村发放问卷数量最多，共17份，占8.06%。内蒙古通辽市，调查了钱家店镇的4个村，问卷总数192份，其中项家村发放问卷数量最多，共57份，占29.69%。

表3-1 受访农户调查地点及问卷分布情况

县市	乡镇	村（个）	调查农户数（份）	比重（%）
苏家屯	八一镇	官立堡村	18	16.51
		王家子	22	20.18
		蔡伯街	17	15.59
		小计	57	52.29
	沙河镇	黄旗村	20	18.35
		韩城堡村	13	11.93
		长岭子村	19	17.43
		小计	52	47.71
	合计	6	109	100
昌图	毛家店镇	日月村	25	13.16
		大泉眼村	21	11.05
		牤牛村	22	11.58
		侯家村	17	8.9
		小计	85	44.74
	宝力镇	英桃村	31	16.32
		红英村	27	14.21
		小城子村	22	11.58
		丰源村	25	13.16
		小计	105	55.26
	合计	8	190	100

（续）

县市	乡镇	村（个）	调查农户数（份）	比重（%）
朝阳北票市	五间房镇	插花村	17	8.05
		西沟村	8	3.79
		土城子村	14	6.34
		小计	39	18.48
	泉巨乡	黄水沟村	7	3.32
		新店村	18	8.53
		涌泉村	14	6.64
		十二吐莫村	11	5.21
		小计	50	23.69
朝阳建平县	马扬镇	龙头村	23	10.9
		梁家村	20	9.48
		小伍家村	24	11.37
		小计	67	31.75
	沙海镇	马杖子村	12	5.69
		白家坎村	13	6.16
		金黄地村	17	8.06
		白家洼村	13	6.16
		小计	55	26.08
	合计	14	211	100
通辽	钱家店镇	后腰窝堡村	40	20.84
		五村	43	22.39
		六村	52	27.08
		项家村	57	29.69
	合计	4	192	100

数据来源：农户调查数据整理所得。

3.2 样本描述性统计分析

3.2.1 农户个体特征

(1) 被访农户性别

从被访农户的性别来看，男性被访农户居多，共计 631 人，占比 89.80%，女性被访农户只有 71 人，占比 10.20%。这样的统计结果，不难看出，男性仍然是当前农业生产经营的主要决策者。

(2) 被访农户年龄

根据被调查者年龄统计，如图 3-1 所示，年龄分布在 41～50 岁的样本农户数量最多，为 242 人，占 34.47%，年龄分布在 51～60 岁的样本农户人数为 222 人，占 31.62%，年龄分布在 60 岁以上的样本农户人数为 130 人，占 18.52%，年龄分布在 31～40 岁的样本农户人数为 84 人，占 11.97%，年龄分布在 18～30 岁的样本农户人数最少，为 24 人，占 3.42%。由此可以看出，当前从事农业生产的劳动者呈现老龄化的趋势，主力军集中在 41～50 岁的中青年劳动者，青壮年选择非农就业的机会较多，很多都放弃了农业生产而选择非农生产经营活动。

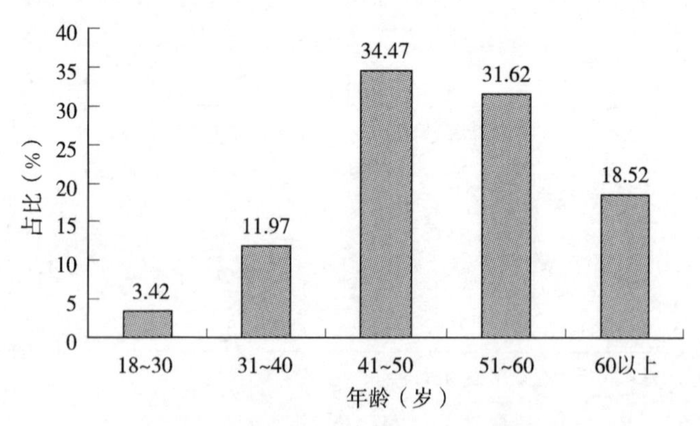

图 3-1　农户各年龄段的样本分布情况

(3) 受教育程度

根据被访农户受教育程度的调查，如图 3-2 所示，受教育程度在初中阶段的样本农户最多为 401 人，占比 57.13%，占到了一半以上，受教育程度分布在小学及以下的样本农户数为 237 人，占比 33.76%，受教育程度分布在高中、中专、职高的样本农户数为 52 人，占比 7.41%，受教育程度分布在大学的农户数为 10 人，占比 1.42%，受教育程度分布在研究生及以上的农户数为 2 人，占比 0.28%。被调查区域农户的受教育程度普遍不高，集中在小学及以下和初中阶段，与已有文献和我国农村的实际情况相吻合。九年义务教育的普及，的确使更多的农民接受了中小学教育，但是接受高等教育的农户较少。

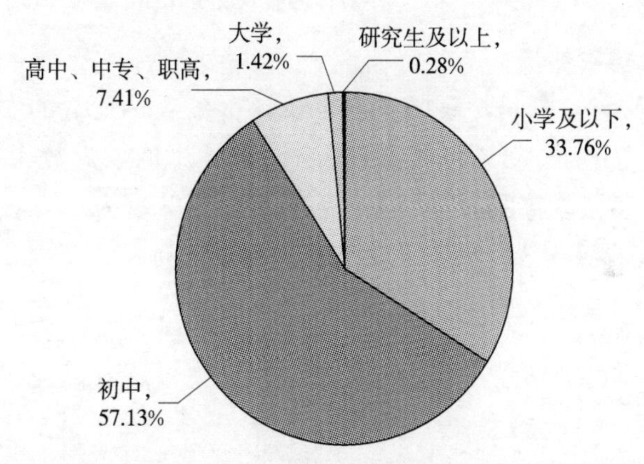

图 3-2　农户受教育程度分布图

(4) 身体健康状况

根据被访农户身体健康状况的调查，如图 3-3 所示，自我评价身体健康的农户数为 389 人，占比 55.41%，自我评价身体非常健康的农户数为 169 人，占比 24.07%，自我评价很不健康和不健康农户数较少，合计 44 人，占比 6.27%，自我评价身体状况一般的农户数为 100 人，占比 14.25%。在调查区域，农户的身体健康状况均比较好，不会影响农户的正常生产经营活动及技术选择决策。

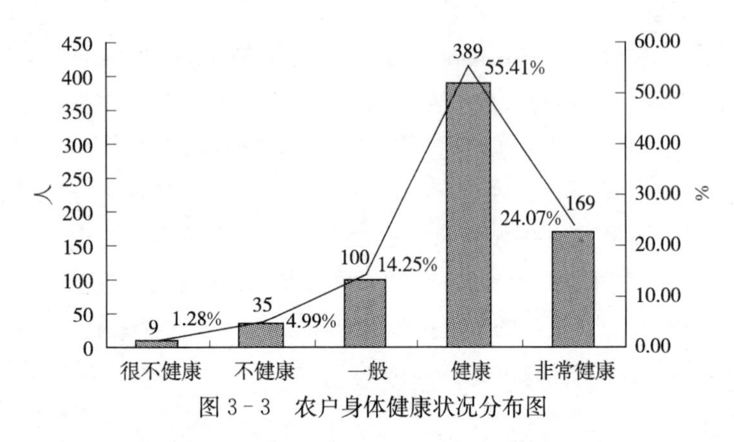

图 3-3　农户身体健康状况分布图

(5) 务农热情

如图 3-4 所示，根据农户自我评价务农热情低的农户数为 102 人，占比 14.53%，自我评价务农热情中的农户数为 327 人，占比 46.58%，自我评价务农热情高的农户数为 273 人，占比 38.89%。调查区域，农户的务农热情普遍较高。

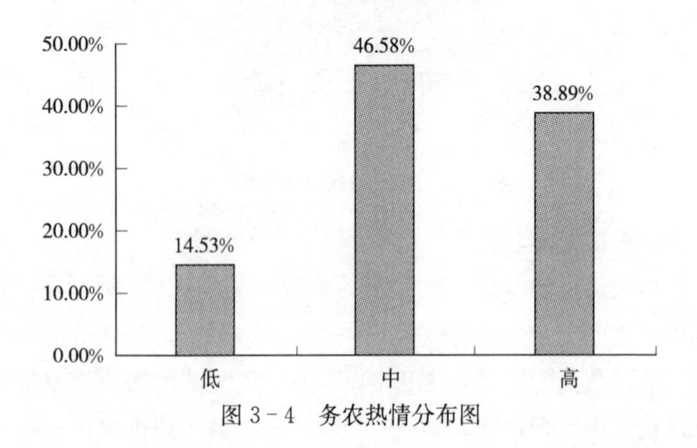

图 3-4　务农热情分布图

3.2.2　农户家庭特征

(1) 家庭农业劳动力人数

根据调查区域家庭农业劳动力的统计，如图 3－5 所示，家庭农业劳动力人数在 1～2 人的户数为 491 户，占比 6.94%，调查时发现家庭农业生产主要靠夫妻两人，其他成员如子女和父母由于不具备农业生产的能力，因此不参与农业生产；家庭农业劳动力人数在 3～5 人的户数为 205 户，占比 29.21%；家庭农业劳动力人数在 5 人以上的户数较少，仅为 6 户，占比 0.85%。由此可以看出，当前农业生产经营活动呈现节约劳动力的趋势，由于机械化和农业生产性服务组织的出现，农户可以在农忙时即春种以及秋收环节选择机械化，或者雇用工人，或者委托外包的形式进行农业生产，这样即使家庭农业劳动力人数不足，也不会耽误农业生产。

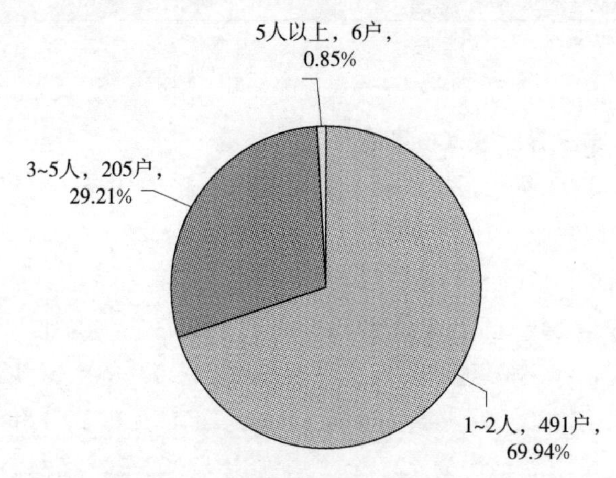

图 3－5　家庭农业劳动力人数分布图

(2) 家庭经济情况

根据农户自评家庭经济状况统计，如图 3－6 所示，家庭经济状况中等的农户最多，为 365 户，占 51.99%，经济状况是富裕的最少，为 27 户，占 3.85%，家庭经济状况中等偏上的 118 户，占 16.81%，家庭经济状况是中等偏下的 142 户，占 20.23%，家庭经济状况是收入较少的 50 户，占 7.12%。不难看出，调研区域，农户的家庭经济状况基本处于中等收入水平，富裕户和中等偏上户占比较小，这部分被访农户主要由大户和家庭农场构成，中等偏下和收入较少家庭数占比也较小，这部分普通农户居多。

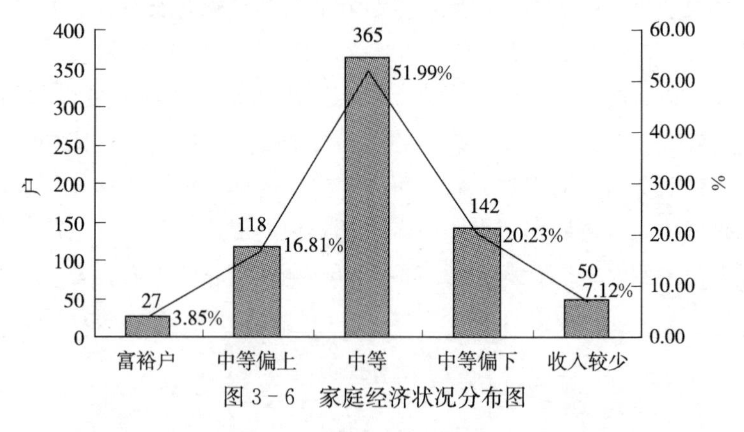

图 3-6　家庭经济状况分布图

(3) 家庭农业收入占家庭总收入比重

如图 3-7 所示，根据农户家庭收入结构的调查，将家庭农业收入占家庭总收入比重分成 5 组，分别为 0～20%、21%～40%、41%～60%、61%～80%、81%～100%。家庭农业收入占家庭总收入比重在 81%～100%的数最多，为 247 个，占比 35.19%，家庭农业收入占家庭总收入比重在 21%～40%的数最少，为 93 个，占比 13.25%，家庭农业收入占比在 41%～60%和 61%～80%的数量相等，均为 120 个，均占比 17.09%，家庭农业收入占比在 0～20%的数量为 122 个，占比 17.38%。不难看出，调查区域农户的家庭收入主要来自农业生产，存在一部分农户有兼业行为。

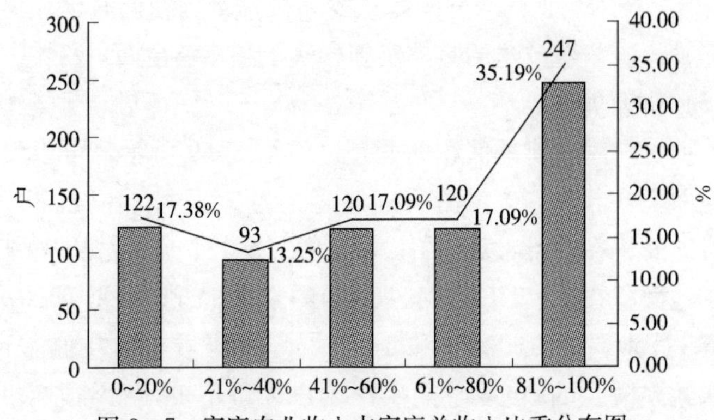

图 3－7　家庭农业收入占家庭总收入比重分布图

(4) 技术培训次数

根据农户家庭技术培训次数的调查，如图 3－8 所示，将农户家庭参加技术培训次数分成 4 组，分别为 0 次、1～2 次、3～4 次、5 次及以上。参加技术培训次数为 1 次和 2 次的家庭合计为 400 个，占比 56.98%，没有参加过技术培训的家庭为 203 个，占比 28.92%，参加技术培训次数为 3 次和 4 次家庭合计为 85 个，占比 12.11%，参加技术培训次数在 5 次及以上家庭为 14 个，占比 1.99%。不难看出，参加 1～2 次技术培训的农户家庭居多，获得

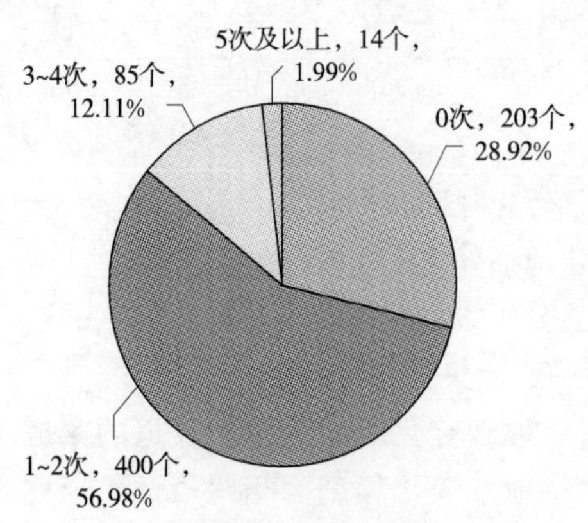

图 3－8　参加技术培训次数分布图

5 次及以上技术培训的农户家庭最少，技术培训在调查区域实施得不够完善，农户对技术的具体实施办法了解不够全面。

（5）耕地规模

根据农户家庭耕地面积的调查，如图 3－9 所示，可以看出农户耕地面积在 11～30 亩的家庭最多，为 358 个，占比 50.99%，农户耕地面积在 50 亩以上的家庭次之，为 137 个，占比 19.52%，农户耕地面积在 10 以下和 31～50 亩的家庭相近，分别为 107 个和 100 个，分别占比 15.24%和 14.25%。不难看出，在调查区域，农户耕地规模在 50 亩以上的生产大户数量不少，而普通农户中，也呈现耕地面积增加的趋势，耕地面积中包括自己家经营的地块面积还包括转入的耕地面积，调查区域土地流转程度较高。

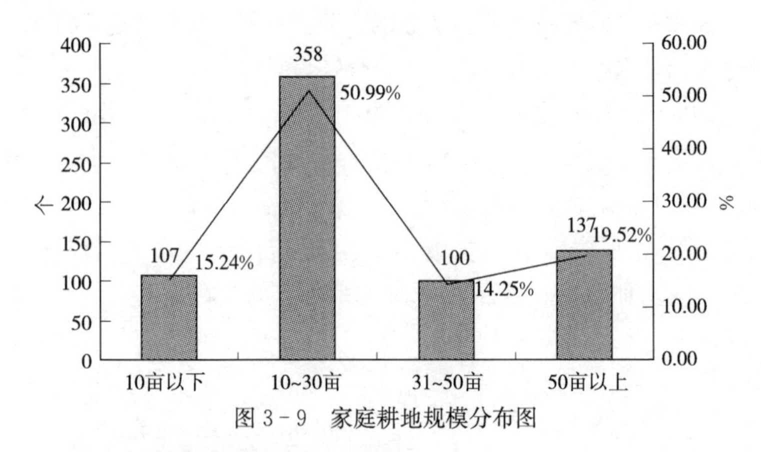

图 3－9　家庭耕地规模分布图

（6）耕地细碎化程度

根据家庭耕地细碎化程度调查，如图 3－10 所示，家庭耕地细碎化程度为零星分布的家庭最多，为 305 个，占比 43.45%，家庭耕地细碎化程度为集中连片的家庭最少，为 102 个，占比 14.53%，家庭耕地细碎化程度为相距较近的家庭 192 个，占比 27.35%，家庭耕地细碎化程度为相距较远的家庭 103 个，占比 14.67%。不难看出调查区域土地大部分是零星分布的，且相距较近，相距较远和集中连片的土地不多。

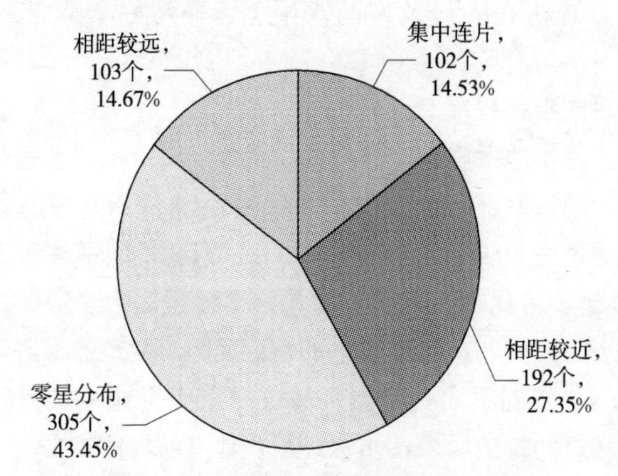

图 3－10　家庭耕地细碎化程度分布图

(7) 土壤质量

根据家庭耕地土壤质量的调查，如图 3－11 所示，调查区域家庭耕地土壤质量为一般的家庭最多，为 330 个，占比 47.01%，家庭耕地土壤质量是好的家庭为 237 个，占比 33.76%，家庭耕地土壤质量为差的家庭 60 个，占比 8.55%，家庭耕地土壤质量为非常好的家庭为 57 个，占比 8.12%，家庭耕地土壤质量为非常差的家

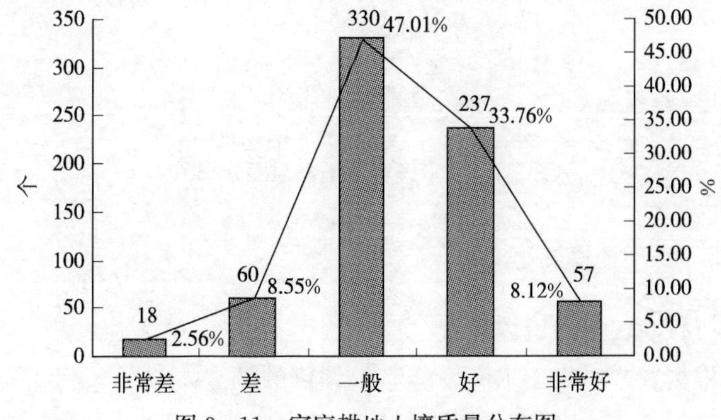

图 3－11　家庭耕地土壤质量分布图

庭最少，为 18 个，占比 2.56%。不难看出，调查区域农户家庭耕地土壤质量普遍在一般及好的水平上，非常好和非常差的耕地不多。

(8) 耕地平整程度

根据家庭耕地平整程度调查，如图 3-12 所示，家庭耕地平整程度为一般的家庭最多，为 350 个，占比 49.86%，家庭耕地平整程度为好的家庭 204 个，占比 49.86%，家庭耕地平整程度为差的家庭为 55 个，占比 7.83%，家庭耕地平整程度为非常好的家庭为 77 个，占比 10.97%，家庭耕地平整程度为非常差的家庭为 16 个，占比 2.28%。不难看出，调查区域农户家庭耕地平整程度普遍较好，一般和好的耕地居多，非常好和非常差的耕地较少。

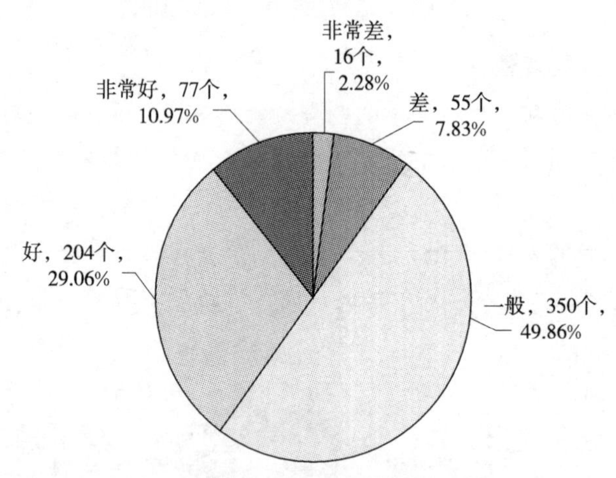

图 3-12　家庭耕地平整程度分布图

3.2.3　外部环境特征

(1) 农田水利设施质量

根据农户对农田水利设施质量评价的调查，如图 3-13 所示，调查区域认为水利设施质量为一般的家庭最多，为 248 个，占比

35.33%，认为水利设施质量为非常差的家庭为 133 个，占比 18.95%，认为水利设施质量为差的家庭为 172 个，占比 24.50%，认为水利设施质量为好的家庭为 113 个，占比 16.09%，认为水利设施质量为非常好的家庭最少，为 36 个，占比 5.13%。不难看出，调查区域农户家庭对水利设施质量的评价不高，集中在一般、非常差和差三个等级上，评价水利设施质量为非常好的农户家庭比较少。实际调查时，农户反映需要水利灌溉条件，但是没办法得到满足，在有灌溉条件的区域，水井的数量也比较有限。

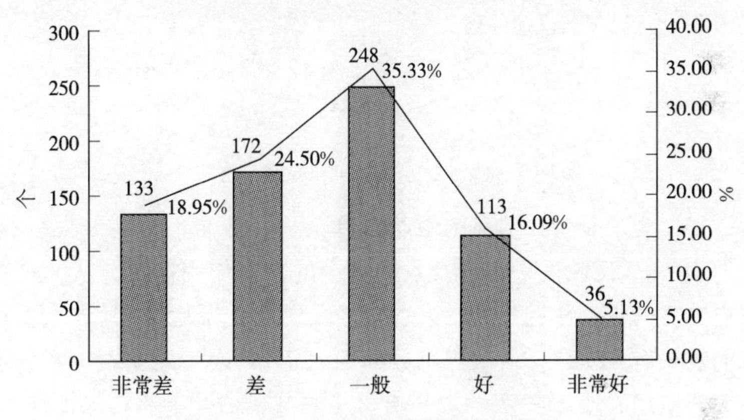

图 3-13　农田水利设施质量分布图

（2）农田道路便利程度

根据农户家庭对调查区域农田道路便利程度评价的调查，如图 3-14 所示，评价农田道路便利程度为一般的家庭为 228 个，占比 32.48%，评价农田道路便利程度为差的家庭为 154 个，占比 21.94%，评价农田道路便利程度为好的家庭为 136 个，占比 19.37%，评价农田道路平整程度为非常差的家庭为 113 个，占比 16.09%，评价农田道路平整程度为非常好的家庭最少，为 71 个，占比 10.12%。不难看出，调查区域农户家庭对农田道路的便利程度评价较好，认为农田道路便利程度在一般和好两个层次的家庭数合计占一半以上，与调查中的实际情况比较吻合，乡村振兴带动村级道路的修建和整修，农田道路的便利程度也得到了明显的改善。

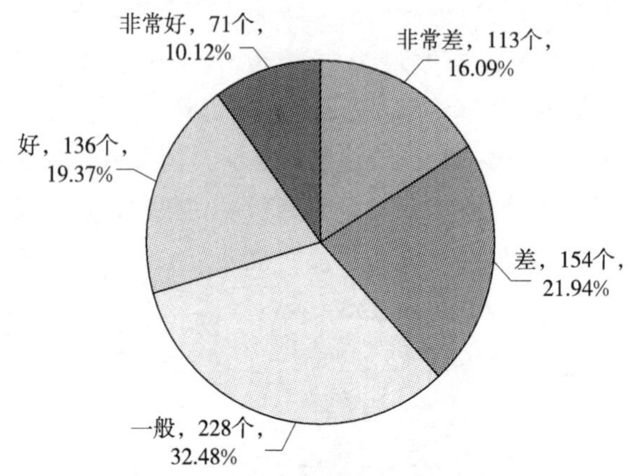

图 3-14　农田道路便利程度分布图

(3) 大户及农户自身的带动作用

表 3-2 反映的是大户及农户自身的带动作用情况。从大户及农户自身的带动作用来看，表示周围农户会跟着大户应用农业新技术的农户有 411 户，占农户总数的 58.55%；表示周围农户不会跟着大户应用农业新技术的农户有 291 户，占农户总数的 41.45%。表示愿意将自己应用的农业技术无偿传授给其他人的农户有 410 户，占农户总数的 58.41%；表示不愿意将自己应用的农业技术无偿传授给其他人的农户有 292 户，占农户总数的 41.59%。可以看出，当前农村环境中的邻里效应仍比较显著，农户对新技术的传播也会保持积极的态度。

表 3-2　大户及农户自身的带动作用情况

大户带动作用	数量（户）	比重（%）	将技术传授给其他农户	数量（户）	比重（%）
不会	291	41.45	不愿意	292	41.59
会	411	58.55	愿意	410	58.41

数据来源：农户调查数据整理所得。

(4) 农产品销售情况

表3-3反映的是受访农户的农产品销售情况。从受访农户的农产品销售情况来看，农户的农产品销售呈现多种途径共同发展，但是主要集中在自己销售、商贩销售和中介销售上，自己销售农产品的农户有108户，占农户总数的15.38%；商贩销售的农户有327户，占农户总数的46.58%；中介销售的农户有89户，占农户总数的12.68%。表示农产品存在滞销的农户有231户，占农户总数的32.91%；表示农产品不存在滞销的农户有471户，占农户总户的67.09%。因此，受访农户农产品的销售情况较为乐观，市场风险较小。

表3-3　受访农户农产品销售情况

农产品销售渠道	数量（户）	比重（%）	是否有滞销	数量（户）	比重（%）
自己销售	108	15.38	是	231	32.91
商贩销售	327	46.58	否	471	67.09
中介销售	89	12.68			
政府农业部门	63	8.97			
批发市场	65	9.26			
订单销售	26	3.71			
其他	24	3.42			

数据来源：农户调查数据整理所得。

3.3　农户参与玉米生产关键技术行为调查分析

3.3.1　农户对玉米生产关键技术认知及态度调查分析

(1) 农户对技术的认知情况调查

由于数据的可得性和有效性，对农户技术选择行为的统计选择辽宁省的调查数据。根据表3-4调查结果显示，当农户被问到，对玉米生产关键技术“保护性耕作技术”“生物防治技术”“节水灌溉技术”“配方施肥技术”“机械化技术”的了解程度时，从受访农户的选择情况可以看出，在510户受访农户中，对保护性耕作技术表示非常了解的有59人，占总数的11.57%；表示部分了解的有211人，占总数的41.37%；表示了解非常少的有160人，占总数的31.37%；表示没听说过的有80人，占总数的15.69%。对生物防治技术表示非常了解的有38人，占总数的7.45%；表示部分了解的有131人，占总数的25.69%；表示了解非常少的有256人，占总数的50.19%；表示没听说过的有85人，占总数的16.67%。对节水灌溉技术，表示非常了解的有62人，占总数的12.16%；表示部分了解的有235人，占总数的46.08%；表示了解非常少的有160人，占总数的31.37%；表示没听说过的有53人，占总数的10.39%。对配方施肥技术表示非常了解的有43人，占总数的8.44%；表示部分了解的有244人，占总数的47.84%；表示了解非常少的有165人，占总数的32.35%；表示没听说过的有58人，

表3-4 受访农户对玉米生产关键技术的认知情况

认知程度		非常了解	部分了解	了解非常少	没听说过
保护性耕作技术	数量（户）	59	211	160	80
	比重（%）	11.57	41.37	31.37	15.69
生物防治技术	数量（户）	38	131	256	85
	比重（%）	7.45	25.69	50.19	16.67
节水灌溉技术	数量（户）	62	235	160	53
	比重（%）	12.16	46.08	31.37	10.39
配方施肥技术	数量（户）	43	244	165	58
	比重（%）	8.44	47.84	32.35	11.37
机械化技术	数量（户）	132	235	129	14
	比重（%）	25.88	46.08	25.29	2.75

数据来源：农户调查数据整理所得。

占总数的11.37%。对机械化技术表示非常了解的有132人，占总数的25.88%；表示部分了解的有235人，占总数的46.08%；表示了解非常少的有129人，占总数的25.29%；表示没听说过的有14人，占总数的2.75%。

分析结果表明，农户对玉米生产关键技术的认知程度普遍偏低，认知仅停留在知道或部分了解的层面，能够做到非常了解的很少，所以应该进一步加大政府和媒体的宣传力度，来提高农户对玉米生产关键技术的认知程度。同时，农户对环境友好型技术的认知程度较增产型农业技术的认知程度高。

(2) 农户对技术难易程度评价的调查

受访农户对玉米生产关键技术难易程度评价情况如表3-5。对保护性耕作技术表示非常难的有5人，占总数的0.98%；表示有点难的有105人，占总数的20.59%；表示一般的有218人，占总数的42.75%；表示简单的有105人，占总数的20.59%；表示非常简单的有77人，占总数的15.09%。对生物防治技术表示非常难的有11人，占总数的2.16%；表示有点难的有117人，占总数的22.94%；表示一般的有199人，占总数的39.02%；表示简单的有111人，占总数的21.76%；表示非常简单的有72人，占总数的14.12%。对节水灌溉技术表示非常难的有23人，占总数的4.51%；表示有点难的有233人，占总数的45.69%；表示一般的有136人，占总数的26.67%；表示简单的有71人，占总数的13.92%；表示非常简单的有47人，占总数的9.21%。对配方施肥技术表示非常难的有13人，占总数的2.55%；表示有点难的有120人，占总数的23.53%；表示一般的有205人，占总数的40.19%；表示简单的有92人，占总数的18.04%；表示非常简单的有80人，占总数的15.69%。对机械化技术表示非常难的有14人，占总数的2.75%；表示有点难的有125人，占总数的24.51%；表示一般的有180人，占总数的35.29%；表示简单的有 105 人，占总数的 20.58%；表示非常简单的有 86 人，占总数的 16.87%。

分析结果表明，农户对保护性耕作技术、生物防治技术和机械化技术的难易程度评价接近简单，而对节水灌溉技术和配方施肥技术的认知为困难，需要进行有效的技术培训，来增加农户对技术的了解程度，即农户对环境友好型农业技术的难易程度评价为简单，对增产型农业技术的难易程度评价为困难。

表 3－5　受访农户对玉米生产关键技术难易程度的认知情况

认知程度		非常难	有点难	一般	简单	非常简单
保护性耕作技术	数量（人）	5	105	218	105	77
	比重（%）	0.98	20.59	42.75	20.59	15.09
生物防治技术	数量（人）	11	117	199	111	72
	比重（%）	2.16	22.94	39.02	21.76	14.12
节水灌溉技术	数量（人）	23	233	136	71	47
	比重（%）	4.51	45.69	26.67	13.92	9.21
配方施肥技术	数量（人）	13	120	205	92	80
	比重（%）	2.55	23.53	40.19	18.04	15.69
机械化技术	数量（人）	14	125	180	105	86
	比重（%）	2.75	24.51	35.29	20.58	16.87

数据来源：农户调查数据整理所得。

（3）农户技术信息获取途径调查

农户对玉米生产关键技术的信息获取途径情况如表 3－6 所示。通过大众媒体了解到技术信息的最多，为 239 人，占总数的 46.86%；通过政府推广机构了解到技术信息的 116 人，占总数的 22.75%；通过网络了解到技术信息的 71 人，占总数的 13.92%；通过人际传播的 63 人，占总数的 12.35%；从其他途径获得技术信息的 21 人，占 4.12%，包括从农产品市场、涉农企业的介绍等途径。因此，80%以上的农户获取农业技术的信息是通过大众媒体、政府推广以及网络等途径。关于玉米生产关键技术的推广，离不开政府的宣传和指导，若要提高农户对技术的认知程度，应采取多渠道、多途径的宣传工作，同时农户也应加强自身的学习能力，提高获取信息的能力。

表 3-6　受访农户获知玉米生产关键技术的信息渠道情况

认知途径	大众媒体	人际传播	推广机构	网络	其他
数量（人）	239	63	116	71	21
比重（%）	46.86	12.35	22.75	13.92	4.12

数据来源：农户调查数据整理所得。

从农户获知玉米生产关键技术的最佳推广方式来看，如表 3-7 所示，表示田间地头的推广是最好的最多，为 201 人，占总数 的 39.42%；表示农业广播的推广方式是最好的次之，为 106 人，占总数的 20.78%；表示书籍报刊的推广方式是最好的 73 人，占总数的 14.31%；表示亲朋好友的推广方式是最好的 60 人，占总数的 11.76%；表示课堂讲授的推广方式是最好的 59 人，占总数的 11.57%。

表 3-7　受访农户获知玉米生产关键技术的最佳推广方式情况

推广方式	课堂讲授	田间地头	农业广播	书籍报刊	亲朋好友	其他
数量（人）	59	201	106	73	60	11
比重（%）	11.57	39.42	20.78	14.31	11.76	2.16

数据来源：农户调查数据整理所得。

(4) 农户技术需求调查

从农户对玉米生产关键技术需求的优先序来看，如表 3-8 所示，农户第一需求中最需要的技术是机械化技术的有 131 人，占总数的 25.69%；其次为生物防治技术的有 122 人，占总数的

23.92%；接着是保护性耕作技术和节水灌溉技术，分别占比17.45%和17.25%；最后是配方施肥技术，占比15.69%。

农户第二需求中，最需要的技术是节水灌溉技术，为136人，占总数的26.67%；其次是生物防治技术，为119人，占总数的23.33%；接着是配方施肥技术和机械化技术，分别为104人和89人，分别占比20.39%和17.45%；最后是保护性耕作技术，为62人，占总数的12.16%。

农户第三需求中，最需要的技术是配方施肥技术，为166人，占总数的32.55%；其次是保护性耕作技术，为126人，占总数的24.71%；接着是生物防治技术和机械化技术，分别为90人和77人，分别占比17.65%和15.09%；最后是节水灌溉技术，为51人，占总数的10%。

从以上的分析中可以看出，农户对玉米生产关键技术的需求，前三个需求中占比最高的分别为机械化技术、节水灌溉技术和配方施肥技术。农户对农业技术的需求集中在高产、节约劳动力的技术上。

表3-8　农户玉米生产关键技术需求优先序情况

技术需求	第一需求		第二需求		第三需求	
	数量（人）	比重（%）	数量（人）	比重（%）	数量（人）	比重（%）
节水灌溉技术	88	17.25	136	26.67	51	10.00
机械化技术	131	25.69	89	17.45	77	15.09
生物防治技术	122	23.92	119	23.33	90	17.65
保护性耕作技术	89	17.45	62	12.16	126	24.71
配方施肥技术	80	15.69	104	20.39	166	32.55

数据来源：农户调查数据整理所得。

（5）农户日常生产行为调查

从受访农户施肥方式及对化肥使用行为的态度来看，如表3-9所示，选择撒施方式的有188人，占总数的36.86%；选择条施方式的有110人，占总数的21.57%；选择穴施方式的有163人，占总数的31.96%。有25.69%的农户表示转变化肥施用方式会提高粮食产量；有45.29%的农户表示转变化肥施用方式对玉米产量没有影响；有29.02%的农户表示转变化肥施用方式会降低玉米产量。有26.08%的农户表示化肥施用越多，粮食产量越大；有53.14%的农户表示并不是化肥施用越多，粮食产量越大；20.78%的农户表示不清楚。

表3-9　受访农户施肥方式及态度统计情况

施肥方式	数量（人）	比重（%）	转变施肥方式对产量的影响	数量（人）	比重（%）	化肥越多，产量越高	数量（人）	比重（%）
撒施	188	36.86	提高产量	131	25.69	是	133	26.08
条施	110	21.57	没有影响	231	45.29	否	271	53.14
穴施	163	31.96	降低产量	148	29.02	不清楚	106	20.78
其他	49	9.61						

数据来源：农户调查数据整理所得。

从受访农户对新型肥料的态度来看，如表3-10所示，表示施用新型肥料有较高风险的有141人，占总数的27.65%；表示施用新型肥料风险一般的有234人，占总数的45.88%；表示施用新型肥料有较低风险的有135人，占总数的26.47%。有34.9%的农户表示会选择小部分耕地进行新型肥料的施用，有43.14%的农户表示会选择大部分耕地进行新型肥料的施用，有21.96%的农户表示会将全部耕地应用新型肥料。

表3-10　受访农户对新型肥料的态度统计情况

新型肥料风险	数量（人）	比重（%）	应用新型肥料面积选择	数量（人）	比重（%）
较高	141	27.65	小部分	178	34.90
一般	234	45.88	大部分	220	43.14
较低	135	26.47	全部	112	21.96

数据来源：农户调查数据整理所得。

3.3.2 玉米生产关键技术选择意愿

(1) 不同经营规模技术的选择意愿差异

根据农户对不同经营规模技术的选择意愿的调查，如表3-11所示，不同经营规模农户的技术选择意愿率[①]有一定的差异，但总体情况是农户对玉米生产关键技术的选择意愿较高，均在50%以上。对于全部样本来说，选择意愿率最高的是节水灌溉技术，为83.92%，其次是机械化技术的选择意愿率为82.16%，这两种技术的选择意愿率高于其他三种技术10个百分点左右。节水灌溉技术是可以短期内带来经济效用增加的技术，机械化技术是可以替代劳动力的技术。生物防治技术、配方施肥技术、保护性耕作技术是可以改善土壤质量，保护环境的技术，但是由于农村居民受教育程度普遍偏低，对于环境、土地质量的关注度不高，因此选择意愿率相对低。对于全体样本而言，农户对增产型技术和节约劳动力的技术选择意愿更强烈，更加倾向选择节水灌溉技术和机械化技术。普通农户和大户在对不同经营规模技术的选择意愿趋势基本相同，对节水灌溉技术和机械化技术的选择意愿较其他几种技术高。

表3-11 不同经营规模技术选择意愿率

样本分类	保护性耕作	生物防治	节水灌溉	配方施肥	机械化
全样本（%）	72.75	71.17	83.92	77.84	82.16
普通农户（%）	72.35	74.02	84.08	79.61	81.28
大户（%）	73.68	64.47	83.55	73.68	84.21

数据来源：农户调查数据整理所得。

(2) 具有选择意愿农户的背景特征

表3-12反映的是具有不同经营规模技术选择意愿的农户特

① 技术选择意愿率指具有选择意愿的农户数量占相应技术的农户样本总数的比例。

征。从被访农户的年龄看，被访农户年龄为41～60岁，且被访农户年龄的不同选择意愿有所差异。具体来说，对保护性耕作技术有选择意愿的农户平均年龄较大，而具有节水灌溉技术选择意愿的农户的平均年龄较小，这表明年长者更倾向选择保护土地的技术，而年轻的生产者更倾向选择增产类的技术。从不同经营规模农户对技术选择意愿的年龄特征来看，均表现为大户的平均年龄最小，全部样本的平均年龄次之，普通农户的平均年龄最大的趋势。实际调查中不难发现，农业生产大户、合作社、家庭农场这些新型经营主体年轻人居多，这些人掌握的信息较年长者全面，且具有风险偏好，敢于尝试土地流转，扩大家庭生产规模。

具有技术选择意愿农户的受教育程度在不同经营规模农户之间的差异不大，平均值为7～9年，表明具有技术选择意愿的农户受教育程度普遍偏低。从不同经营规模农户对技术选择意愿的年龄特征来看，均表现出大户的平均受教育程度最高，实际调查中不难发现，新型经营主体，扩大生产规模的农户，普遍是接受过良好教育的人。

从收入水平看，农户对不同经营规模玉米生产关键技术具有选择意愿在收入水平上具有较大差异，具有保护性耕作技术选择意愿的农户平均收入最高，为67 583.68元/年，具有配方施肥技术选择意愿的农户平均收入最低，为64 680.11元/年，与保护性耕作技术相差近3 000元。这表明收入低的农户更希望通过合理施肥，改善土壤质量、土地环境，进而达到增产的目标，收入较高的农户可能将重心放在资源保护上，因而更倾向选择保护性耕作技术。从不同经营规模农户对技术选择意愿的收入水平看，均表现出大户的平均收入水平最高，全部样本的平均收入水平次之，普通农户的平均收入水平最低。

从兼业化程度看，对不同经营规模玉米生产关键技术具有选择意愿的农户的兼业化程度具有一定的差异，农户平均兼业化程度从低到高依次是具有保护性耕作技术选择意愿的农户、具有生物防治技术选择意愿的农户、具有节水灌溉技术选择意愿的农户、具有机械化技术选择意愿的农户、具有配方施肥技术选择意愿的农户。从不同经营规模农户的技术选择意愿的兼业化特征来看，大户的兼业化水平[①]相对较低，普通农户的兼业化水平相对较高，从实际调查中可以解释，普通农户耕地规模小，会在农闲的时候打零工，但是工资水平不高，因此导致了普通农户的兼业化水平高但收入水平不高的现状。

表 3-12　具有技术选择意愿的农户特征

	农户特征	年龄（岁）	受教育程度（年）	收入水平（元）	兼业化水平	耕地规模（亩）	农业劳动力人数（人）
保护性耕作	全部样本	50.99	8.04	67 583.68	0.29	74.05	2.25
	普通农户	52.27	7.87	52 402.18	0.34	19.81	2.12
	大户	48.04	8.44	102 690.90	0.19	199.46	2.55
生物防治	全部样本	51.76	7.98	66 093.79	0.33	81.56	2.26
	普通农户	52.74	7.85	51 855.34	0.36	18.59	2.09
	大户	49.12	8.34	104 595.70	0.23	251.83	2.68
节水灌溉	全部样本	50.57	7.97	64 879.94	0.29	65.97	2.18
	普通农户	51.84	7.81	52 721.71	0.33	19.38	2.08
	大户	47.56	8.34	93 695.91	0.21	176.40	2.40
配方施肥	全部样本	51.53	8.01	64 680.11	0.31	80.95	2.24
	普通农户	52.59	7.81	51 384.64	0.36	19.66	2.08
	大户	48.83	8.53	98 512.33	0.19	236.91	2.66
机械化	全部样本	50.69	7.94	64 770.42	0.30	79.63	2.21
	普通农户	52.09	7.76	52 722.41	0.34	19.23	2.08
	大户	47.52	8.34	92 160.81	0.20	216.97	2.50

数据来源：农户调查数据整理所得。

① 兼业化水平以农户家庭非农经营收入与家庭总收入比值计算，是衡量非农经营收入水平的一个指标。比值小于 0.5 为一类兼业农户、大于 0.5 为二类兼业农户、0 为纯农户。

从耕地规模来看，具有生物防治技术选择意愿的农户平均耕地面积最大，为 81.56 亩，具有配方施肥技术选择意愿的农户平均耕地面积次之，为 80.95 亩，具有机械化技术选择意愿的农户的平均耕地面积为 79.63 亩，具有保护性耕作技术选择意愿的农户的平均耕地面积为 74.05 亩，具有节水灌溉技术选择意愿的农户平均耕地面积最小，为 65 亩。从不同经营规模农户的技术选择意愿的耕地规模来看，对于五种技术有选择意愿的农户，全部样本的平均耕地面积为 65～85 亩，普通农户的平均耕地面积为 20 亩左右，大户的平均耕地面积在 150 亩以上。

对玉米生产关键技术具有选择意愿的不同经营规模农户平均农业劳动力人均在 2.2 人左右，说明农业劳动力人数与不同经营规模农户技术选择意愿关系没有表现出明显的差异。

(3) 技术选择意愿的描述分析

农户个体特征对技术选择意愿的影响。对样本的统计分析显示(表 3-13)，被访农户年龄与农户技术选择意愿具有较强的相关性，

表 3-13　农户个体特征对技术选择意愿的影响

		样本量（人）	保护性耕作（%）	生物防治（%）	节水灌溉（%）	配方施肥（%）	机械化（%）
年龄	18～30 岁	14	71.41	57.14	64.29	57.14	92.85
	31～40 岁	59	71.19	59.32	88.13	69.49	83.05
	41～60 岁	180	71.11	68.89	89.44	78.30	81.67
	61～80 岁	151	70.05	71.17	80.79	78.15	82.12
	80 岁以上	106	69.19	79.25	79.25	83.96	81.13
受教育程度	小学及以下	158	68.99	75.95	81.65	83.54	81.01
	初中	305	73.77	69.18	85.57	74.09	82.95
	高中	36	75.00	66.67	80.55	77.78	83.33
	大学及以上	11	90.90	72.73	81.82	100.00	72.73

数据来源：农户调查数据整理所得。

农户对保护性耕作技术选择意愿与年龄呈负相关关系，生物防治技术选择意愿与年龄呈正相关关系，说明年龄越大的农民对待技术越谨慎，对于需要长时间能够带来效果的技术会选择规避，而倾向选择可以保护环境的技术。节水灌溉技术的选择意愿与年龄呈倒U形关系，技术选择意愿最高点在41～60岁，表明这一年龄阶段的农民更容易接受政府的激励和引导，但是否具有更强的资源节约和环保意识，则不能确定。对配方施肥技术和机械化技术的选择意愿与年龄的关系不确定。

农户家庭经济特征对技术选择意愿的影响，按照家庭非农业收入占总收入的比例来判断农户的兼业化程度，本书借鉴满明俊等(2010)关于兼业化的分类，将农户分成纯农户（没有非农收入）、农业兼业户（非农业收入比例在50％以下）和非农业兼业户（非农业收入比例在50％以上）。对样本的统计分析显示（表3-14），农户选择保护性耕作技术、节水灌溉技术和机械化技术的选择意愿与兼业化程度呈倒U形关系，说明农户家庭成员可以通过非农性经营增加收入、增长见识，提高农户对技术收益与风险及技术公益性的认识，但是随着兼业化程度的提高，农户从事农业生产的机会成本增大，农户选择上述技术的意愿降低。农户选择生物防治技术的意愿与兼业化程度呈正相关关系，表明农户将劳动力投入到非农生产中，对生物防治技术产生了更强的偏好。农户对配方施肥技术的选择与兼业化程度呈正U形关系，可能的原因是，纯农户对土壤的关注度比较高，希望通过改变土壤元素达到平衡，从而提高产量，因此偏好选择配方施肥技术，而非农业兼业户可以通过非农业生产获得资金对农业生产进行补充，从而也愿意选择配方施肥技术。从农户收入水平与技术选择意愿的关系来看，农户对保护性耕作技术、节水灌溉技术、配方施肥技术、机械化技术的选择意愿均随着收入的提高而加强，农户生物防治技术的选择意愿与收入水平呈负相关的关系，可能的原因是，随着农户收入水平的提高，农户可能更倾向选择农药来防治病虫害，对生物防治技术的需求意愿减弱。

表 3-14　农户家庭经济特征对技术选择意愿的影响

		样本量（人）	保护性耕作（%）	生物防治（%）	节水灌溉（%）	配方施肥（%）	机械化（%）
兼业化程度	纯农户	148	69.59	68.24	81.08	86.49	79.05
	农业兼业	239	76.57	69.45	88.70	70.29	85.36
	非农业兼业	123	69.10	78.05	78.05	82.11	79.67
收入水平	小于 10 000 元	81	68.55	79.54	81.82	72.73	72.62
	10 000～20 000 元	87	75.00	72.58	82.26	74.24	80.30
	20 000～30 000 元	66	73.55	75.76	84.09	77.17	82.25
	30 000 元以上	276	75.76	68.12	85.14	83.06	84.06

数据来源：农户调查数据整理所得。

资源禀赋对技术选择意愿的影响。农业劳动力数量对技术选择意愿的影响如表 3-15 所示，农户对保护性耕作技术、生物防治技术、配方施肥技术的选择意愿与家庭劳动力人数呈正相关关系，即家庭农业劳动力人数越多，选择上述技术的意愿越强烈。农户对节

表 3-15　资源禀赋特对技术选择意愿的影响

		样本量（人）	保护性耕作（%）	生物防治（%）	节水灌溉（%）	配方施肥（%）	机械化（%）
农业劳动力人数	1～2 人	383	71.02	69.71	85.64	77.02	83.29
	3～5 人	122	77.87	76.23	80.33	80.33	76.87
	5 人以上	5	88.24	76.47	58.82	82.35	75.66
耕地规模	10 亩及以下	72	68.06	86.11	91.67	75.00	83.33
	11～30 亩	239	72.80	72.38	81.17	81.17	81.59
	31～50 亩	76	75.00	60.53	88.16	75.00	78.95
	50 亩以上	123	73.98	66.67	82.11	74.79	84.55

数据来源：农户调查数据整理所得。

水灌溉技术和机械化技术的选择意愿与家庭农业劳动力数量呈负相关关系，即家庭农业劳动力人数越多，选择这两种技术的意愿越低，可能的解释是，当家庭农业劳动力增多时，农户对劳动节约型的机械化技术需求减弱。实际调查中，有些农户反映节水灌溉技术选择与不选择差异不明显，当劳动力充足情况下，农户更倾向人工大垄漫灌。

3.3.3 玉米生产关键技术选择行为分析

（1）不同经营规模技术的选择率差异

表3-16反映的是农户对不同经营规模玉米生产关键技术的选择率差异，结果显示，调查区域农户对机械化技术的选择率最高，为63.14%，保护性耕作技术的选择率次之，为51.57%，节水灌溉技术和生物防治技术分别为34.90%和31.96%，配方施肥技术的选择率最低，为27.06%。实际调查中发现，机械耕种和机械收获是当前农村生产的普遍方式，可能是当地政府的推广以及农业生产性服务组织的带动。秸秆资源化利用由于有政府的推广，以及禁止秸秆焚烧政策的出台，农村秸秆处理方式也发生了很大的变化，更多的是选择秸秆还田或者打包等方式，使秸秆实现资源化利用，因此保护性耕作技术的选择率也相对较高。配方施肥技术目前还没有普及，由于技术的复杂性和高成本，技术的选择率并不高。普通农户和大户对不同经营规模玉米生产关键技术的选择率与全部样本一致。大户对保护性耕作技术、生物防治技术、节水灌溉技术、配

表3-16 不同经营规模技术选择率差异

样本分类	保护性耕作	生物防治	节水灌溉	配方施肥	机械化
全样本（%）	51.57	31.96	34.90	27.06	63.14
普通农户（%）	52.79	34.64	31.56	25.14	59.78
大户（%）	48.68	25.66	42.76	31.58	71.05

数据来源：农户调查数据整理所得。

方施肥技术、机械化技术的选择率均高于普通农户，不难理解，农户耕地规模越大，对技术的需求越大，同时大户收入水平较高，具备选择上述技术的条件。

(2) 已选择技术农户的背景特征

表 3-17 反映的是已选择玉米生产关键技术农户的背景特征。从被访农户年龄看，已选择技术农户的平均年龄在 45～55 岁，具体来说，已选择生物防治技术的农户的平均年龄最大，为 53.11 岁，已选择机械化技术的农户平均年龄次之，为 51.95 岁，选择保护性耕作技术的农户的平均年龄最小，为 50.03 岁，说明年龄较大的农户由于生产经验和对土地的感情，更倾向选择可以改善土壤质量，保护生态环境技术，如生物防治技术和配方施肥技术，同时由于年长者的体力限制，在进行农业生产时，更倾向选择劳动力节约型的技术，如机械化技术。从不同经营规模已选择技术的农户的年龄特征分析，均表现为大户的平均年龄最小，全部样本农户的平均年龄次之，普通农户的平均年龄最大。

从被访农户受教育程度分析，已选择技术的农户的平均受教育年限为 7～9 年，即初中及以下，平均受教育水平不高。具体表现为，选择保护性耕作技术农户的平均受教育年限最长，为 8.29 年，选择配方施肥技术农户的平均受教育年限次之，为 8.04 年，选择节水灌溉技术和机械化技术农户的平均受教育年限均为 7.96 年，选择生物防治技术农户的平均受教育年限最短，为 7.54 年。保护性耕作技术是具有培肥地力作用的技术，但是受教育程度较低的农户可能较难理解，因此选择保护性耕作技术农户的平均受教育程度最高。其次，测土配方施肥技术和节水灌溉技术这两种技术是操作过程比较难的技术，因此需要较高的受教育水平做支撑。机械化和生物防治技术相对上述三种技术，比较简单，因此选择这两种技术农户的平均受教育程度较低。从不同经营规模已选择技术农户的受教育程度分析，均表现为大户的平均受教育程度高于全部样本农户高于普通农户的规律。

从收入水平分析，农户平均收入水平从高到低选择的技术分别是保护性耕作技术、节水灌溉技术、机械化技术、生物防治技术、配方施肥技术。说明农户收入水平越低，越倾向选择可以增加收益和节约成本的技术，如配方施肥技术和生物防治技术，收入水平高的农户更加倾向选择资源节约性技术，如保护性耕作技术和节水灌溉技术。从不同经营规模已选择技术农户的收入水平看，均表现为大户的平均收入水平高于全部样本的平均收入水平高于普通农户的平均收入水平。

从兼业化水平分析，农户平均兼业化水平为 0.2～0.4，从高到低选择的技术分别是生物防治技术、配方施肥技术、节水灌溉技术、保护性耕作技术、机械化技术，且与收入水平相对应，基本上呈收入水平越高，兼业化水平越低的趋势。选择生物防治技术和配方施肥技术的平均收入水平较低的农户兼业化程度较高，不难看出由于农户收入水平低，农户会进行非农经营活动，但是对收入水平的提高作用并不明显。从不同经营规模农户选择技术的平均兼业化水平来分析，均表现出大户的平均兼业化水平小于全部农户的平均兼业化水平小于普通农户的平均兼业化水平。

从耕地规模分析，选择技术的农户耕地规模从高到低依次为配方施肥技术、节水灌溉技术、机械化技术、生物防治技术和保护性耕作技术。说明耕地较少的农户倾向选择节约成本的生物防治技术和保护性耕作技术，随着农户耕地规模的增加，农户对节约劳动力的机械化技术产生了较强的偏好，规模继续增加，农户会对技术规程较难但是具有经济效益的配方施肥技术和节水灌溉技术产生偏好。从不同经营规模农户选择技术的平均耕地规模分析，均表现为大户的平均耕地规模大于全部样本的平均耕地规模大于普通农户的平均耕地规模。

从农业劳动力人数分析，已选择技术农户的平均农业劳动力人数在2.2人左右，选择配方施肥技术农户的平均劳动力人数最多，为2.49人，选择生物防治技术农户的平均劳动力人数最少，为2.21人。不难理解，由于配方施肥技术较难掌握，需要家庭投入更多的资金和劳动力进行技术使用，而生物防治技术相对比较容易，因此劳动力投入相对较少。从不同经营规模农户选择技术的平均农业劳动力人数分析，大户的平均农业劳动力人数比普通农户平均农业劳动力人数多，由于普通农户的兼业化程度比较高，因此农业劳动力人数相对较少。

表3-17　已选择技术农户的背景特征

	农户特征	年龄（岁）	受教育程度（年）	收入水平（元）	兼业化水平	耕地规模（亩）	农业劳动力人数（人）
保护性耕作	全部样本	50.03	8.29	55 166.71	0.28	69.15	2.11
	普通农户	51.48	8.21	51 438.3	0.31	19.74	2.03
	大户	46.83	8.46	64 689.19	0.21	195.34	2.34
生物防治	全部样本	52.04	7.69	53 674.59	0.35	72.48	2.21
	普通农户	53.11	7.54	50 453.72	0.39	17.05	2.02
	大户	47.92	8.27	63 915.31	0.23	248.74	2.85
节水灌溉	全部样本	49.02	8.02	71 902.98	0.30	106.18	2.33
	普通农户	50.63	7.96	42 520.62	0.35	19.85	2.19
	大户	46.58	8.12	122 983.10	0.21	256.26	2.58
配方施肥	全部样本	50.94	8.27	46 101.88	0.32	113.70	2.49
	普通农户	51.92	8.04	46 168.44	0.36	20.14	2.30
	大户	49.38	8.64	45 977.08	0.25	289.13	2.85
机械化	全部样本	50.49	8.10	65 484.31	0.27	90.79	2.28
	普通农户	51.95	7.96	51 169.46	0.31	20.12	2.14
	大户	48.35	8.32	93 848.93	0.19	230.84	2.55

数据来源：农户调查数据整理所得。

(3) 农户技术选择行为的描述分析

农户个体特征对技术选择行为的影响，根据对样本农户个体特征的统计（表3-18），可以看出农户年龄对技术选择行为具有一定的影响，并且在不同技术上的作用关系不尽相同。保护性耕作技术的选择率与年龄呈负相关关系，即随着被访农户年龄的增加，保护性耕作技术的选择率降低，与表3-4中保护性耕作技术选择意愿和年龄的关系一致。节水灌溉技术和配方施肥技术的选择率与年龄呈倒U形关系，说明节水灌溉技术和生物防治技术的选择率随着被访农户年龄的增加而增加，但到达一定年龄后，选择率会下降。

表3-18 农户个体特征对技术选择率的影响

		样本量（人）	保护性耕作（%）	生物防治（%）	节水灌溉（%）	配方施肥（%）	机械化（%）
年龄	18～30岁	14	71.43	14.29	14.28	7.14	64.29
	31～40岁	59	61.02	32.20	47.46	27.12	64.41
	41～60岁	180	52.22	27.22	43.33	30.00	60.00
	61～80岁	151	51.65	40.39	29.14	27.15	61.59
	80岁以上	106	42.45	30.19	24.53	24.53	69.81
受教育程度	小学及以下	158	42.41	37.97	32.28	22.78	63.92
	初中	305	54.09	29.51	36.07	29.84	62.95
	高中	36	61.11	27.78	41.67	25.00	58.33
	大学及以上	11	81.81	27.27	18.18	18.18	72.73

数据来源：农户调查数据整理所得。

节水灌溉技术选择率在被访农户年龄在31～40岁时达到峰值，配方施肥技术选择率在被访农户年龄在41～60岁时达到峰值。生物防治技术和机械化技术的选择率与年龄并没有呈现出明显的关系。从受教育程度分析，保护性耕作技术的选择率与受教育程度呈正相关的关系，生物防治技术的选择率与教育程度呈负相关的关系，节水灌溉技术和配方施肥技术的选择率与受教育程度大致呈倒U形关系，机械化技术的选择率与受教育程度大致呈U形关系。说明农户的受教育程度越高越倾向选择保护性耕作技术，越不喜欢用生物防治技术。节水灌溉技术的选择率在受教育程度为高中时达到最大值，配方施肥技术的选择率在受教育程度在初中时达到最大值，机械化技术的选择率在受教育程度为高中时达到最小值。

农户家庭经济特征对技术选择行为的影响，根据对农户家庭经济特征的分析（表3-19），从兼业化程度分析，农户对保护性耕作技术和节水灌溉技术的选择率与兼业化程度呈倒U形关系，与选择意愿率和兼业化的关系趋势相同，农户上述两种技术的选择率均在农业兼业户处达到最大值，分别为55.23%和43.51%。

表3-19 农户家庭经济特征对技术选择率的影响

		样本量（人）	保护性耕作（%）	生物防治（%）	节水灌溉（%）	配方施肥（%）	机械化（%）
兼业化程度	纯农户	148	48.65	31.08	26.35	30.41	70.95
	农业兼业	239	55.23	28.45	43.51	21.76	63.18
	非农业兼业	123	23.58	39.84	28.46	33.33	53.66
收入水平	小于10 000元	81	49.38	39.51	40.74	24.69	53.09
	10 000～20 000元	87	39.08	28.74	31.03	33.33	59.77
	20 000～30 000元	66	50.00	33.33	34.85	33.33	62.12
	30 000元以上	276	56.52	30.43	34.42	24.28	67.39

数据来源：农户调查数据整理所得。

农户对生物防治技术和配方施肥技术的选择率与兼业化程度呈U形关系，选择率均在农业兼业处达到最小值，分别为28.45%和21.76%，农户对生物防治技术选择率和兼业化程度的关系与前文选择意愿率和兼业化程度的关系有差异。农户对机械化技术的选择率与兼业化程度呈负相关关系，说明兼业化程度越高，农户对机械化技术越倾向规避的态度，兼业化程度越高收入水平越低，农户更倾向选择人工进行农业生产。从收入水平分析，农户对保护性耕作技术的选择率与收入水平呈 U 形关系，农户对配方施肥技术的选择率与收入水平呈倒 U 形关系，农户对机械化技术的选择率与收入水平呈正相关关系，农户对生物防治技术和节水灌溉技术的选择率与收入水平没有明显的关系。农户对保护性耕作技术的选择率在收入为 10 000～20 000 元处达到最小，为 39.08%。农户对技术选择率和收入水平的关系与选择意愿率和收入水平的关系之间存在一定的差异。

资源禀赋对技术选择行为的影响：根据对样本农户资源禀赋的分析（表 3-20），保护性耕作技术、生物防治技术的选择率与农业劳动力数量呈负相关关系，节水灌溉技术、配方施肥技术、机械化技术与农业劳动力数量呈正相关关系。说明农业劳动力人数越多，农户对保护性耕作技术和生物防治技术的选择率越低，可能的原因是，当农业劳动力数量较多时，对农业收入的依赖性较强，倾向选择技术成本较小的技术，当农业劳动力充足，农业收入水平较高时，农户倾向选择可以提高粮食产量但是需要较高成本的技术。保护性耕作技术和节水灌溉技术的选择率与耕地规模呈倒 U 形关系，这说明，随着农户耕地面积的增大，农户对保护性耕作技术和节水灌溉技术的选择率增加，当耕地规模达到 11～30 亩时，农户对保护性耕作技术的选择率下降，当耕地规模达到 31～50 亩时，农户对节水灌溉技术的选择率下降，与实际调查相符。当耕地规模较大时，地块细碎化程度也高，节水灌溉技术不能保证每一块地的灌溉，因此很多人更愿意自己进行漫灌。生物防治技术的选择率与耕地规模呈负相关的关系，不难理解，农户耕地规模增大，生物防治技术效果不明显，农户更倾向选择农药进行病虫害防治。配方施肥技术和机械化技术的选择率与耕地规模呈正相关关系，当耕地规模增大，农业收入较高，农户更加关注通过提高土壤质量来提高收入，因此配方施肥技术选择率会增加，且耕地规模越大，农户越倾向选择劳动力节约型机械化技术。

表 3-20　资源禀赋对技术选择率的影响

		样本量（人）	保护性耕作（%）	生物防治（%）	节水灌溉（%）	配方施肥（%）	机械化（%）
农业劳动力人数	1～2人	383	53.79	32.38	33.68	24.02	62.40
	3～5人	122	45.90	31.15	38.52	36.07	64.75
	5人以上	5	20.00	20.00	40.00	40.00	80.00
耕地规模	10亩以下	72	46.88	51.56	29.69	20.31	50.00
	11～30亩	239	55.23	31.79	30.54	26.36	62.34
	31～50亩	76	51.32	28.95	42.11	27.63	64.47
	50亩以上	123	47.15	23.58	40.65	33.33	71.54

数据来源：农户调查数据整理所得。

3.3.4　玉米生产关键技术选择意愿与行为的差异

(1) 技术选择意愿与行为的差异

如表 3-21 所示，技术选择意愿与行为的差异率（存在差异的农户数占对应技术具有选择意愿的全部样本的百分比）最大的是配方施肥技术，为 65.74%，节水灌溉技术和生物防治技术次之，分别为 61.92%和 60.05%，保护性耕作技术的差异率为 36.12%，机械化技术的差异率最小，为 32.22%。实际调查中农户普遍反映在干旱半干旱区域，他们非常需要节水灌溉技术，但是由于技术成本的问题，很多农户没办法选择，导致了虽存在选择节水灌溉技术的意愿，但是没有经济实力选择，因此节水灌溉技术的选择意愿与行为之间的差异率最大；配方施肥技术需要进行测土，并严格按照配方卡进行施肥，普通农户受自身资源禀赋的限制，很难独立进行测土配方施肥技术的选择，因此差异率较高；由于农村生产性服务组织的兴起，农户可以花费自己能力范围内的资金将播种和收割环节委托别人来完成，这样节省了劳动力，而付出的成本也是可以接受的，因此农户对机械化技术的选择意愿与行为之间的差异率较低。普通农户和大户对不同经营规模农户玉米生产关键技术选择意愿与行为的差异率与全部样本呈现相同的规律。

表 3-21　技术选择意愿与行为的差异率

样本分类	保护性耕作	生物防治	节水灌溉	配方施肥	机械化技术
全样本（%）	36.12	60.05	61.92	65.74	32.22
普通农户（%）	37.45	57.36	67.77	71.23	41.24
大户（%）	33.04	67.35	48.03	51.79	11.72

数据来源：农户调查数据整理所得。

（2）存在差异农户的背景特征

如表 3-22 所示，从被访农户平均年龄来分析技术选择意愿与行为的差异。对于所有技术存在选择意愿与行为差异的农户平均年龄在 41～55 岁，由于年长者在农业生产中一般持保守态度，即使想用某项技术，最终也会因为经济条件或者其他原因而放弃选择，因此这部分农户的技术选择意愿与行为的差异率较大。对于单项技术，普通农户的技术选择意愿与行为的差异率均大于大户，可能的原因是，普通农户由于耕地规模不够大，抵御风险的能力不够，因此对技术选择的态度不如大户积极。

从被访农户平均受教育程度分析技术选择意愿与行为的差异。对于所有技术的选择存在意愿与行为差异的农户平均受教育程度在 9 年以下，即初中的文化水平。对于单项技术的选择意愿与行为的差异，大户的平均受教育程度高于全部样本高于普通农户。

从收入水平分析技术选择意愿与行为的差异，存在技术选择意愿与选择行为差异的农户的平均收入水平从高到低依次是保护性耕作技术、生物防治技术、配方施肥技术、节水灌溉技术、机械化技术。对于不同经营规模农户而言，呈现出大户平均收入水平大于全部农户大于普通农户的趋势。

表 3-22　存在技术选择意愿与行为差异农户的背景特征

	被访农户特征	年龄（岁）	受教育程度（年）	收入水平（元/年）	兼业化水平	耕地规模（亩）	农业劳动力人数（人）
保护性耕作	全部样本	52.75	7.36	51 452.84	0.34	92.81	2.42
	普通农户	54.02	7.06	39 636.08	0.39	19.36	2.18
	大户	49.43	8.14	82 431.92	0.21	285.38	3.08
生物防治	全部样本	51.56	8.11	45 539.83	0.30	85.38	2.27
	普通农户	52.47	7.97	36 631.58	0.33	20.12	2.13
	大户	49.48	8.44	66 055.82	0.25	235.67	2.61
节水灌溉	全部样本	51.63	7.94	41 321.44	0.29	49.49	2.11
	普通农户	52.49	7.74	34 297.55	0.32	19.19	2.01
	大户	48.75	8.59	64 811.16	0.19	150.84	2.41
配方施肥	全部样本	51.81	7.85	42 063.91	0.32	53.59	2.12
	普通农户	52.82	7.73	34 175.86	0.36	19.49	1.99
	大户	48.28	8.24	69 672.09	0.19	172.95	2.57
机械化	全部样本	51.43	7.61	30 970.37	0.40	21.79	1.94
	普通农户	52.45	7.47	29 258.33	0.41	15.97	1.91
	大户	43.27	8.73	44 666.67	0.34	68.33	2.20

数据来源：农户调查数据整理所得。

从兼业化分析技术选择意愿与行为的差异。存在技术选择意愿与选择行为差异的农户平均兼业化水平在0.19～0.41范围内，对机械化技术存在选择意愿与选择行为差异的农户平均兼业化水平最高，为0.40，即兼业化水平越高，农户对机械化技术选择意愿与行为的差异越大，可能的原因是，兼业化水平提高之后，农户的非农经营收入增加，可以用于农业生产的资金也增加，会使一部分原本不想用该技术的农户选择使用，因此促进差异的出现。对于单个技术选择存在意愿与行为差异的农户，大户的平均兼业化水平最低，普通农户的兼业化水平最高。

从耕地规模分析技术选择意愿与选择行为的差异。对于存在技术选择意愿与选择行为差异的农户，平均耕地规模最大的是保护性耕作技术，其次是生物防治技术，最小的是机械化技术。可能的原因是，农户耕地规模越小，对机械化技术的需求意愿越小，由于政府推广等外部环境的影响，农户不得不选择机械化进行生产，导致了差异的产生。对于同一个技术存在技术选择意愿与行为的差异，大户的平均耕地规模最大，普通农户的耕地规模最小。

从农业劳动力数量分析技术选择意愿与行为的差异。对于存在技术选择意愿与行为差异的农户，平均农业劳动力数量均在 1.9 人以上，且农户对保护性耕作技术存在选择意愿与行为差异的农户平均农业劳动力数量最多，为 2.42 人。说明，农户有意愿进行保护性耕作，但是没有实际选择的这部分农户的家庭农业劳动力较充足，家庭劳动力充足促进了保护性耕作技术选择意愿与行为差异的增加。

(3) 技术选择意愿与行为差异的描述分析

农户个体特征对差异的影响。如表 3 - 23 所示，从被访农户年龄来分析，农户在选择保护性耕作技术、节水灌溉技术和配方施肥技术上存在意愿与行为差异与年龄呈正 U 形关系，说明年长者和年轻者对上述技术的选择意愿与行为均存在较大的差异。在选择机械化技术上存在意愿与行为差异与年龄呈倒 U 形关系，说明年长者和年轻者对机械化技术的选择意愿与行为的差异较小，可以理解为，年轻者因为体力充足，对机械化生产的意愿不强烈，实际上对机械化的选择也不高，年长者对机械化生产的意愿强烈，实际对机械化技术的选择也高，因此年长者和年轻者的差异率较低，即意愿与行为较一致。农户在选择生物防治技术上存在意愿与行为差异与年龄没有明显的关系。从受教育程度来分析，农户在选择保护性耕作技术、生物防治技术和配方施肥技术上的意愿与行为的差异率与被访农户平均受教育程度呈正 U 形关系，受教育程度较低和较高的农户在选择上述技术上的意愿和行为存在较高的差异，农户在选择节水灌溉技术和机械化技术上的意愿与行为的差异与被访农户的平均受教育程度没有明显的关系。

表 3-23　农户个体特征对技术选择意愿与行为差异的影响

		样本量（人）	保护性耕作（%）	生物防治（%）	节水灌溉（%）	配方施肥（%）	机械化（%）
年龄	18～30岁	14	57.14	42.86	64.29	64.29	28.57
	31～40岁	59	32.20	37.29	52.54	49.15	30.51
	41～60岁	180	29.44	52.78	56.11	53.33	33.33
	61～80岁	151	30.46	52.32	60.26	60.92	35.09
	80岁以上	106	50.00	57.55	65.09	63.21	22.64
受教育程度	小学及以下	158	44.30	55.69	60.76	66.46	32.28
	初中	305	31.15	48.52	57.38	50.82	30.49
	高中	36	27.78	55.56	63.89	66.67	33.33
	大学及以上	11	36.36	63.64	63.64	81.82	27.27

数据来源：农户调查数据整理所得。

农户家庭特征对差异的影响。如表 3-24 所示，从家庭兼业化来分析，农户在选择保护性耕作技术、生物防治技术、节水灌溉技术、配方施肥技术上的意愿与行为的差异与兼业化程度呈正 U 形关系，说明农业兼业户对上述技术的选择意愿与行为一致性较高，可能的原因是，纯农户由于受耕地规模和经济条件的限制，对技术的需求意愿强烈，但是实际选择存在困难，因此差异率较高。而非农业兼业户由于经济收入比较充足，对技术的需求意愿不高，但是由于政策推进使其选择率较高，从而差异率较高；农户选择机械化技术的意愿与行为的差异与兼业化程度成正相关的关系，可能的原因是，纯农户耕地规模较小，自家出工可以解决农业生产问题，对机械化技术的需求意愿较低，实际选择率也低，存在差异的农户较少。从收入水平来分析，农户选择生物防治技术和机械化技术的意愿与行为的差异与收入水平呈倒U形关系，收入水平在10 000～20 000元的农户的差异率最高，分别为58.62%和37.93%。选择节水灌溉技术的意愿与行为的差异与收入水平呈正U形关系，选择保护性耕作技术意愿与行为的差异与收入水平呈负相关关系，配方施肥技术的选择意愿与行为的差异与收入水平并没有明显的关系。

表3-24　农户家庭特征对技术选择意愿与行为差异率的影响

		样本量（人）	保护性耕作（%）	生物防治（%）	节水灌溉（%）	配方施肥（%）	机械化（%）
兼业化程度	纯农户	148	37.84	60.14	66.22	58.78	21.62
	农业兼业	239	31.38	46.86	54.39	54.39	34.73
	非农业兼业	123	39.02	50.41	59.35	61.79	35.77
收入水平	小于10 000元	81	41.98	53.09	60.49	58.02	33.33
	10 000～20 000元	87	41.38	58.62	58.62	62.07	37.93
	20 000～30 000元	66	39.39	54.55	54.55	51.52	31.82
	30 000元以上	276	30.07	48.19	59.78	57.25	28.26

数据来源：农户调查数据整理所得。

资源禀赋对差异的影响。如表3-25所示，从农业劳动力人数分析，农户对节水灌溉技术、配方施肥技术和机械化技术的选择意愿与行为的差异与农业劳动力人数呈负相关关系，说明农业劳动力人数越多，选择上述技术的意愿与行为的差异越小，可能的原因是，农业劳动力人数充足，农业收入较多，农户对上述技术需求意愿可以转化为具体的选择行为，因此差异率较低。农户选择保护性耕作技术的意愿与行为的差异与农业劳动力人数呈正相关关系，即农业劳动力人数越多农户选择保护性耕作技术差异率越大。生物防治技术的选择意愿与行为的差异与农业劳动力人数没有明显的关系。从耕地规模来分析，保护性耕作技术和机械化技术的选择意愿与行为的差异与耕地规模呈U形关系，即耕地规模较大和较小的农户差异率均比较大，配方施肥技术的选择意愿与行为的差异与耕地规模呈负相关关系，即平均耕地规模越大，差异率越小；生物防治技术和节水灌溉技术的选择意愿与行为的差异与平均耕地规模没有明显的关系。

表 3-25　资源禀赋对技术选择意愿与行为差异率的影响

		样本量（人）	保护性耕作（%）	生物防治（%）	节水灌溉（%）	配方施肥（%）	机械化（%）
农业劳动力人数	1～2人	383	36.68	48.30	60.31	59.53	34.20
	3～5人	122	38.52	62.29	55.74	51.64	22.13
	5人以上	5	60.00	40.00	40.00	40.00	20.00
耕地规模	10亩及以下	72	47.22	45.83	62.50	65.28	44.44
	11～30亩	239	28.45	55.23	63.59	59.83	32.22
	31～50亩	76	35.53	48.68	48.68	53.95	25.00
	50亩以上	123	40.65	49.59	54.47	50.41	25.20

数据来源：农户调查数据整理所得。

3.4　本章小结

本章主要介绍用于研究数据搜集的调查设计、问卷主要内容及样本特征的描述性统计分析。调查问卷设计主要介绍了问卷设计的主要思路和主要内容。总体来看，男性被访者居多，且年龄分布在41～50岁的农户最多，受教育程度为初中的农户最多，身体健康状况良好，务农热情普遍较高；家庭农业劳动力人数为1～2人的最多，家庭耕地面积11～30亩的农户最多，家庭经济情况处于中等水平的农户最多，农业收入占比在80%～100%的农户最多，参加技术培训次数较少，农户大部分土地是零星分布且相距较近，耕地土壤质量集中在一般和好的水平上，耕地的平整度较好；调查区域农户对水利设施质量的评价不高，农户家庭对农田道路的便利程度评价较好；技术推广中大户的带动作用明显，农户农产品的销售情况良好。

农户对玉米生产关键技术的认知程度普遍偏低，仅停留在知道或部分了解的层面上；农户对增产型农业技术（节水灌溉、配方施肥）的运用普遍认为较难，需要政府加大对增产型农业技术的扶持力度，提高农户的学习能力；农户获取技术信息主要通过大众媒体如电视、广播等，应加大政府推广的力度；农户普遍认为在田间地头进行现场指导的技术推广方式是最佳的；农户对技术的需求集中在高产和节约劳动力的技术上；农户普遍应用的化肥施用方式为撒施，且普遍认为换一种施肥方式对粮食产量没有影响，绝大多数人认为并不是化肥使用越多粮食产量越高；农户普遍认为使用新型肥料的风险性一般，且会选择大部分耕地使用新型肥料；农户对节水灌溉技术和机械化技术的选择意愿更强烈；具有技术选择意愿农户的平均年龄为 41～60 岁，且对保护性耕作技术有选择意愿的农户平均年龄较大，而具有节水灌溉技术选择意愿的农户的平均年龄较小；具有技术选择意愿的农户受教育程度差异不大，普遍偏低；具有保护性耕作技术选择意愿的农户平均收入最高，具有配方施肥技术选择意愿的农户平均收入最低；具有配方施肥技术选择意愿的农户平均兼业化水平最高；具有生物防治技术选择意愿农户的平均耕地面积最大；具有技术选择意愿农户的平均农业劳动力人数没有明显的差异。调查区域，农户对机械化技术的选择率最高，配方施肥技术的选择率最低；已选择玉米生产关键技术的农户平均年龄在 41 岁以上，平均受教育程度在初中及以下，选择保护性耕作技术的农户平均收入水平最高，选择配方施肥技术的农户平均收入水平最低；技术选择意愿与行为差异最大的是配方施肥技术。

第四章　不同经营规模农户玉米生产关键技术选择意愿研究

在第三章综述了不同经营规模农户对玉米生产关键技术的选择意愿的基本情况，描述了具备技术选择意愿农户的基本特征以及对技术选择意愿的影响因素的统计，发现不同经营规模农户对玉米生产关键技术的选择意愿具有一定的差异，且影响技术选择意愿的因素也不尽相同。本章在统计分析的基础上，以研究区域510份被调查农户的调研数据为基础，对不同经营规模农户玉米生产关键技术的选择意愿进行实证研究，以揭示农户技术选择意愿的特征，并运用计量模型分析农户技术选择意愿的主要影响因素和作用机理。

4.1　分析框架与研究假设

4.1.1　分析框架

作为理性农户，在面临选择的时候，会根据自身的预算约束选择可以实现效用最大化的方案。对高产型和环境友好型玉米生产关键技术进行选择时，农户的决策模型可以用下式进行表示：

$$D(R)=P(F>0)=P(I-C>R) \tag{4-1}$$

式中，$D(R)$ 为农户参与技术选择的决策函数；F 为预期收益；P 为农户选择高产型玉米生产技术或者环境友好型玉米生产技术的概率；I 为农户选择高产型农业技术或者环境友好型农业技术的预期收益；C 为农户选择高产型农业技术或者环境友好型农业技术的预期成本；R 为农户不参与技术选择当前的农业收益。本书所选的农业技术具有典型的公共物品属性，农户在对其进行选择和使用过程中，有强烈的与政府合作的意愿。这里运用博弈模型对农户参与技术选择意愿的影响因素进行理论上的分析。

假设有 n 个农户参与技术选择，若农户 i 选择某一项高产型或环境友好型农业技术，相应的投入量为 h_i；若不进行选择，则投入量为 0。H 代表农业技术应用基础设施的总量，$H_0=\sum_i^n \gamma_i h_i+H_0+G_0$，$\gamma_i$ 为单个农户参与选择技术对农业技术应用基础设施总量的影响，农民的受教育程度、身体健康状况等个人特征影响农户技术选择的积极性，进而会影响农业技术应用基础设施的数量。H_0 为原有基础设施的总量，G_0 为政府直接投资的基础设施数量。

农户所面临的选择是：假定，农户的收入除了用在技术选择上，其余均用于私人产品的消费。在自身资源禀赋 $M_i=p_x x_i+p_h h_i$ 的约束下，选择农户的最优策略集（x_i，h_i），使得效用最大化，函数形式为 $U_i=U(x_i,\ H)$，其中 x_i 为第 i 个农户的私人产品消费数量，p_x 为私人产品的价格；p_h 为第 i 个农户参与技术选择的平均费用，可以用投入成本表示；M_i 为第 i 个农户的务农收入。假定农户的效用函数可以用柯布-道格拉斯生产函数表示：

$$U_i=x_i^{\alpha}H^{\beta} \tag{4-2}$$

式中 α 和 β 分别代表农户对私人产品消费量变化和对技术选择消费量变化所带来的农户效用变化的比率（$0<\alpha<1$，$0<\beta<1$），分别反映私人产品和技术产品对农户的重要性。由于私人产品和农业技术产品之间存在一定的替代关系，在农户收入一定的情况下，本书假定 $\alpha+\beta\leqslant 1$。

由于不同农户的收入水平以及地理区位存在差异，基于农户效用最大化的拉格朗日条件，得到第 i 个农户参与技术选择的纳什均衡，函数形式如下：

$$h_i^* = \frac{1}{\lambda+1}\frac{M_i}{p_h} - \frac{\lambda}{1+\lambda}\frac{1}{\gamma_i}\left(\sum_{i=1}^{m}\gamma_i h_i + H_0\right) \tag{4-3}$$

对 λ 求导，得到：

$$\frac{\partial h_i^*}{\partial \lambda} = -\frac{1}{(\lambda+1)^2}\left[\frac{M_i}{p_h} + \frac{1}{\gamma_i}\left(\sum_{i=1}^{m}\gamma_i h_i + H_0 + G_0\right)\right] \tag{4-4}$$

从式（4-4）可以看出，农户的务农收入 M_i 越高，农户参与技术选择对农业技术应用基础设施总量的影响系数越高，则农户越倾向参与高产型技术或者环境友好型技术；务农收入受到农业收入占比、耕地面积、家庭特征以及政策支持和贷款难易程度等外部环境的影响。私人产品消费与技术选择消费对于农户的相对重要性 λ 越大，农户越不愿意参与技术选择行为。

4.1.2　研究假设

农户个人特征会对技术选择意愿有影响。已有研究表明，被访农户的个人特征会对技术选择意愿产生影响。性别对技术选择意愿有显著影响（Doss & Morris，2000），男性被访农户对农业技术的选择意愿比女性更为强烈（李波等，2010）。通常情况下，农户的年龄会对农业技术的选择意愿产生影响，并且，对于不同经营规模的农业技术，农户年龄对技术的影响方向可能不同。受教育程度越高，对新技术的掌握越全面，对技术的选择意愿也相对较高。被访农户的健康程度也会对技术选择意愿产生影响，身体比较健康的农户可能会比较关注高产的技术，而对节约劳动力的技术偏好较小。基于上述分析，提出如下假说：

假说1：农户的受教育程度正向影响技术的选择意愿，年龄和健康程度对不同经营规模玉米生产关键技术的作用方向不确定，男性农户对技术的选择意愿相对较高。

农户家庭特征会对技术选择意愿产生影响。具体来说，农业劳动力数量多的家庭对节约劳动力的技术偏好较小。耕地面积较大的农户对机械化技术的需求偏好较大，霍瑜（2016）的研究结果表明，生产规模较大的家庭更有可能在应用新技术时获得规模效益。农业收入占比衡量了农户家庭的兼业化情况，农业收入占比越低，则兼业化程度越高，农户进行农业生产经营活动的边际成本越高，一般情况下农业收入占比越低，农户对农业新技术的选择意愿越低。农户加入合作社，会获得更多的技术信息，对于技术选择会有更高的偏好。家中是否有农技员会对技术选择意愿产生影响，若家中有农技员，农户对技术信息、政策等的把握会比较好，对技术的需求偏好也会较高。基于上述分析，提出如下假说：

假说 2：农业收入占比、耕地面积、是否加入合作社、家中是否有农技员正向影响农户的技术选择意愿，农业劳动力数量对不同经营规模玉米生产关键技术选择意愿的影响不同。

信息获取特征会对技术选择意愿产生影响。农户的信息获取会对技术选择意愿产生影响，具体来讲，农户经常与村民沟通，会增加对技术信息的了解程度，从而对技术选择有促进的作用。农业技术培训对技术需求意愿产生影响。徐世艳等（2009）指出农业技术指导与培训显著正向影响农户的技术需求。葛继红等（2010）认为，农业技术培训的次数显著正向影响测土配方施肥技术的需求意愿。基于上述分析，提出如下假说：

假说 3：是否经常与村民沟通、技术培训次数正向影响农户的技术选择意愿。

外部环境特征会对技术选择意愿有影响。外部环境特征会对农户的技术选择意愿产生影响，具体而言，政策支持力度越大，农户对技术选择的主观判断越容易，越可能倾向选择农业新技术。同时，贷款越容易，越可能放松农户的预算约束线，农户对技术选择的积极性越高。高启杰（2000）研究发现技术供给、政策法规、基础设施等因素会影响农户对农业技术的选择意愿。调查地点有三个县市，不同地区由于地理区位和自然环境的不同，对技术的需求也会有差异。基于上述分析，提出如下假说：

假说 4：有政策支持、贷款容易会提高农户技术的选择意愿。

4.2　变量选取与模型设定

4.2.1　变量选取

本书选择了 5 种玉米生产关键技术，分别为保护性耕作技术、生物防治技术、机械化技术、节水灌溉技术、配方施肥技术（图 4－1）。之所以选择这 5 种技术，是基于玉米生产过程中进行的技术选择，涉及玉米生产中的水、肥管理，病虫害防治，产前的机械播种，产后的机械收割，产前的深松、旋耕、轮作、间作，产后的秸秆还田、秸秆覆盖等。之所以将机械化技术划分到环境友好型农业技术中，是因为机械收割会使农户平均每亩地少收 40 千克粮食。

增产型农业技术
- 节水灌溉技术
- 配方施肥技术

环境友好型农业技术
- 保护性耕作技术：深松、旋耕、轮作、间作、秸秆覆盖、秸秆还田
- 生物防治技术
- 机械化技术：机耕、机播、机收

图 4－1　技术分类图

根据农户行为理论，并借鉴农户技术选择意愿影响因素的有关研究如朱萌（2015），确定本章技术选择意愿各类影响因素为：农户个人特征因素，包括被访农户性别、年龄、受教育程度、健康程度；农户家庭特征因素，包括农业劳动力数量、农业收入占比、耕地面积、是否加入合作社、家中是否有农技员；信息获取因素，包括农户是否经常与村民沟通、技术培训次数；外部环境特征因素，包括是否有政策支持、贷款难易程度、地区位置。变量定义与说明见表 4－1。

表 4-1　模型中变量定义与说明

变量名	变量赋值	均值	标准差
因变量			
技术选择意愿（Y）	愿意=1；不愿意=0		
保护性耕作技术（Y_1）	愿意=1；不愿意=0	0.73	0.45
生物防治技术（Y_2）	愿意=1；不愿意=0	0.71	0.45
机械化技术（Y_3）	愿意=1；不愿意=0	0.82	0.38
节水灌溉技术（Y_4）	愿意=1；不愿意=0	0.84	0.37
配方施肥技术（Y_5）	愿意=1；不愿意=0	0.78	0.42
自变量			
农户个体特征			
性别（X_1）	男=1；女=2	1.13	0.34
年龄（X_2）	18～30 岁=1；31～40 岁=2；41～50 岁=3；51～60 岁=4；60 岁以上=5	3.54	1.03
受教育程度（X_3）	小学及以下=1；初中=2；高中=3；大学及以上=4；研究生及以上=5	1.81	0.67
健康程度（X_4）	非常差=1；差=2；一般=3；好=4；非常好=5	3.93	0.89
农户家庭特征			
农业劳动力人数（X_5）	以家庭实际农业劳动数量计	2.22	1.02
非农业收入占比（X_6）	用非农业收入与总收入的比值来计	0.69	0.29
耕地面积（X_7）	以家庭实际耕地面积来计	74.06	238.5
技术推广信息获取因素			
是否加入合作社（X_8）	是=1；否=0	0.28	0.45
家中是否有农技员（X_9）	是=1；否=0	0.17	0.38
是否经常与村民沟通（X_{10}）	是=1；否=0	0.90	0.29
参加技术培训次数（X_{11}）	以实际参加技术培训的次数来计	1.34	1.42
政策补贴因素			
政策满意度（X_{12}）	非常不满意=1；比较不满意=2；一般=3；比较满意=4；非常满意=5	3.81	1.05
贷款难易程度（X_{13}）	非常不容易=1；比较不容易=2；一般=3；比较容易=4；非常容易=5	1.79	1.13
地理区位（X_{14}）	苏家屯=1；昌图市=2；朝阳市=3	1.84	0.75

4.2.2 回归模型设定

技术需求影响因素模型的一般形式为：

农户对某一属性技术的需求＝f（决策者基本特征、技术特征、制度特征、地区变量）

在模型中，因为调查问项技术选择意愿是一个二分类变量，不满足线性回归关于因变量必须是连续变量这一基本假定，因此，分析这一问题需要选择概率模型（Logistic 模型和 Probit 模型）。根据研究对象，本书通过建立 Logistic 模型来进行分析，模型的基本形式为：

$$y=\ln\left(\frac{p}{1-p}\right)=\beta_0+\beta_1 x_1+\beta_2 x_2+\cdots+\beta_n x_n+\varepsilon \qquad (4-5)$$

式中，y 为因变量，取值为 1 时表示对某一玉米生产关键技术有需求，取值为 0 表示对某一项玉米生产关键技术没有需求；p 为对某一农业技术有需求的概率；β_0 为常数项；x_1，x_2，…，x_n 为解释变量；ε 为随机扰动项。

Logistic 模型检验从两个方面进行评价，一是模型整体的拟合优度，即“准 R^2”（Pseudo R^2），取值越大，拟合的效果越好，反之亦然；二是汇报了一个似然比检验统计量（LR），检验除常数项外所有其他系数的显著性，即描述模型中包含的自变量是否可以解释因变量的部分变异。

4.3 实证结果与分析

在对被调查农户的基本特征和技术选择意愿进行描述性统计的基础上，运用 Lostic 模型进行实证检验分析，分别从全部样本、普通农户、大户进行分析。在进行实证分析之前，检验样本是否存在多重共线性的问题，即检验自变量中某一个变量是否可以由其他解释变量线性表示出来，通过计算方差膨胀因子（VIF）和容忍度(tolerance)，来检验样本是否存在多重共线性的问题。方差膨胀因子是容忍度的倒数，VIF 越大说明共线性问题越严重，一般情况下，VIF 不超过 10 则表明变量之间不存在多重共线性问题。

某一个自变量的容忍度是指 1 减去以该自变量为因变量，模型中其他解释变量为自变量所得到的线性回归模型的决定系数，取值范围为 [0, 1]，容忍度越小，多重共线性越大，一般认为容忍度小于 0.1 时，存在严重的多重共线性。当自变量之间存在严重的多重共线性时，处理办法是将对因变量解释较小的并导致严重共线性问题的变量进行删除。这里将地理区位作为因变量，其他的 13 个变量作为自变量进行线性回归，得到方差膨胀因子和容忍度。表 4-2 为各自变量的方差膨胀因子从大到小的排列，VIF 的平均值为 1.15，tolerance>0.1，显然自变量间不存在严重的多重共线性问题，无须替换和删除变量，所选取的自变量全部保留并纳入模型中进行回归。

表 4-2　自变量间的多重共线性检验

自变量	共线性统计量	
	方差膨胀因子（VIF）	容忍度（tolerance）
是否加入合作社（X_8）	1.34	0.746
参加技术培训次数（X_{11}）	1.32	0.755
家中是否有农技员（X_9）	1.28	0.779
耕地面积（X_7）	1.18	0.846
年龄（X_2）	1.17	0.858
贷款难易程度（X_{13}）	1.11	0.904
非农业收入占比（X_6）	1.11	0.905
性别（X_1）	1.08	0.927
是否经常与村民沟通（X_{10}）	1.08	0.928
政策满意度（X_{12}）	1.08	0.928
受教育程度（X_3）	1.07	0.932
健康程度（X_4）	1.07	0.935
农业劳动力人数（X_5）	1.06	0.945

4.3.1 全部样本的实证结果分析

用 Stata 13.0 软件对调查区 510 户样本农户进行 Logistic 模型回归处理，选择了 5 种玉米生产关键技术（保护性耕作技术、生物防治技术、机械化技术、节水灌溉技术和配方施肥技术），回归模型分别用模型 A_1、模型 A_2、模型 A_3、模型 A_4、模型 A_5 表示，得到的结果如表 4-3 所示。同时为了分析自变量对因变量的解释程度，在此基础上进行平均边际效应分析，得到的结果如表4-4 所示，表示的是自变量变化一个单位对因变量事件（农户愿意选择某种玉米生产关键技术的行为）概率的影响程度。

表 4-3　全部样本农户技术选择意愿 Logistic 模型估计结果

自变量	环境友好型技术			增产型技术	
	模型 A_1	模型 A_2	模型 A_3	模型 A_4	模型 A_5
性别	−0.45 (0.29)	−0.67** (0.31)	−0.50 (0.34)	−0.05 (0.37)	−0.19 (0.34)
年龄	0.21* (0.11)	0.29*** (0.11)	−0.01 (0.12)	−0.12 (0.13)	0.31*** (0.12)
受教育程度	0.34** (0.17)	−0.09 (0.16)	−0.02 (0.18)	0.06 (0.19)	−0.18 (0.18)
健康程度	−0.04 (0.12)	−0.01 (0.12)	0.11 (0.13)	0.15 (0.14)	0.18 (0.13)
农业劳动力人数	0.08 (0.11)	0.03 (0.11)	−0.20* (0.12)	−0.24** (0.12)	0.20 (0.13)
非农业收入占比	−0.48 (0.37)	0.67* (0.39)	−0.47 (0.43)	−0.86* (0.45)	1.08** (0.47)
耕地面积	−0.001 6 (0.004)	0.015 (0.01)	0.003 (0.02)	0.007 (0.005)	0.003** (0.02)
是否加入合作社	−0.02 (0.27)	−0.49* (0.28)	−0.59* (0.33)	−0.27 (0.33)	−0.45 (0.31)
家中是否有农技员	−0.82*** (0.29)	0.77** (0.32)	0.09 (0.37)	−0.71* (0.38)	1.43*** (0.40)

（续）

自变量	环境友好型技术			增产型技术	
	模型 A_1	模型 A_2	模型 A_3	模型 A_4	模型 A_5
是否经常与村民沟通	0.31 (0.36)	0.19 (0.38)	0.70* (0.38)	−0.09 (0.44)	−0.37 (0.39)
参加技术培训次数	0.19** (0.09)	−0.08 (0.09)	−0.02 (0.10)	0.43*** (0.13)	−0.19** (0.09)
政策满意度	0.03 (0.28)	−0.09 (0.11)	−0.13 (0.12)	0.31** (0.13)	0.02 (0.12)
贷款难易程度	−0.17* (0.09)	0.16 (0.09)	−0.11 (0.10)	−0.19* (0.11)	−0.09 (0.10)
地理区位	0.15 (0.17)	0.51*** (0.18)	0.61*** (0.20)	−0.38* (0.22)	−0.70*** (0.21)

注：*、** 和 *** 分别表示通过了10%、5%和1%统计水平的显著性检验，括号内为估计量的稳健标准误。

具体的分析如下：

(1) 农户个体特征的影响

从模型的估计结果来看，在模型 A_2 中，农户性别通过了5%统计水平的显著检验，且回归系数符号为负，说明男性农户对生物防治技术的选择意愿更强烈，从平均边际效应分析，男性农户对生物防治技术的选择意愿比女性高13个百分点。农户性别在其他模型中没有通过显著性检验，但是回归系数的符号为负。农户年龄在模型 A_1、模型 A_2 和模型 A_5 中，分别通过了10%、1%、1%统计水平的显著检验，且回归系数符号为正，说明农户年龄越大，对保护性耕作技术、生物防治技术、配方施肥技术的选择意愿越强烈，从平均边际效应分析，农户年龄每增加一个单位，农户对生物防治技术、保护性耕作技术和配方施肥技术的选择意愿分别增加4个百分点、6个百分点和5个百分点。农户年龄在模型 A_3 和模型 A_4 中没有通过显著性检验，且回归系数的符号为负。受教育程度在模型 A_1 中通过5%统计水平的显著检验，且回归系数符号为正，说明受教育程度越高，农户对保护性耕作技术的选择意愿越强，从平均边际效应分析，农户受教育程度每增加一个单位，农户对保护性耕作技术的选择意愿会增加 7 个百分点。健康程度在 5 个模型中均未通过显著性检验。

（2）农户家庭特征的影响

农业劳动力人数在模型 A_3 和模型 A_4 中分别通过 10%和 5%统计水平的显著检验，且回归系数的符号为负，说明农业劳动力人数越多，对节水灌溉技术和机械化技术的选择意愿越低。这与统计分析相一致，在农业劳动力人数为 1～2 人和 5 人以上的样本中，农户对上述两种技术的选择意愿分别占 83.29%、85.64%和 75.66%、58.82%。在实际调查中，农户普遍反映节水灌溉技术可有可无，在劳动力充足的情况下，他们更愿意使用漫灌。从平均边际效应看，农业劳动力人数每增加一个单位，农户对节水灌溉技术和机械化技术的选择意愿均降低 3 个百分点。非农收入占比在模型 A_2、模型 A_4、模型 A_5 中分别通过了 10%、10%、5%统计水平的显著检验，且回归系数的符号不尽相同，模型 A_2 和模型 A_5 的回归系数的符号为正，模型 A_4 的回归系数的符号为负，说明非农收入占比越大，农户对生物防治技术和配方施肥技术的选择意愿越强，对节水灌溉技术的选择意愿越弱。从平均边际效应分析，非农收入占比每增加一个单位，农户对生物防治技术和配方施肥技术的选择意愿分别提高 13 个百分点和 17 个百分点，对节水灌溉技术的选择意愿降低 11 个百分点。农户非农收入占比越高，则兼业化程度越高，农户从事非农生产经营获得的收入可以弥补农业生产资金不足的局限，农户对提高产量的节水灌溉技术的选择意愿降低，对资源保护的生物防治和配方施肥技术的选择意愿增强。耕地面积在模型 A_5 中通过了 5%统计水平的显著检验，且回归系数符号为正，说明耕地面积越大，农户对配方施肥技术的选择意愿越强。实际调查发现，配方施肥技术并没有应用到每一块地，而是选择某一块地进行，这样的现状就决定了耕地面积越大，对配方施肥技术的选择意愿越强。

(3) 技术推广信息获取的影响

是否加入合作社在模型 A_2 和模型 A_3 中通过了 10%统计水平的显著检验且回归系数的符号为负。说明没有加入合作社的样本，农户对生物防治技术和机械化技术的选择意愿较低，从平均边际效应分析，与加入合作社的农户相比，没加入合作社的农户对生物防治技术和机械化技术的选择意愿会分别下降 9 个百分点和 8.4 个百分点。

家中是否有农技员在模型 A_1、模型 A_2、模型 A_4、模型 A_5 分别通过 1%、5%、10%、1%统计水平的显著检验，且模型 A_1 和模型 A_4 的回归系数符号为负，模型 A_2 和模型 A_5 的回归系数符号为正，说明家中没有农技员的样本，农户对保护性耕作技术和节水灌溉技术的选择意愿更低，对生物防治技术和配方施肥技术的选择意愿更高。节水灌溉技术在操作上较难，有农技员会对技术选择意愿产生正面的影响，而生物防治技术和配方施肥技术是政府统一进行的，家中有农技员并没有对技术选择意愿有积极的促进作用。从平均边际效分析，家中没有农技员相比家中有农技员的样本，农户对保护性耕作技术、生物防治技术、节水灌溉技术、机械化技术的选择意愿分别下降 15 个百分点、上升 15 个百分点、下降 8 个百分点、上升 22 个百分点。

是否经常与村民沟通在模型 A_3 中通过 10%统计水平的显著性检验，且回归系数的符号为正，说明不经常与农户沟通的样本，对机械化技术的选择意愿更强。实际调查发现，机械化收获每亩会少收玉米 40 千克左右，因此很多农户对机械化技术的选择意愿较低，不经常与村民沟通的农户对信息的掌握有一定程度的延迟。从平均边际效应分析，不经常与村民沟通的样本，农户对机械化技术的选择意愿提高 9 个百分点。

参加技术培训次数在模型 A_1、模型 A_4、模型 A_5 中分别通过5%、1%、5%统计水平的显著检验，且回归系数的符号分别为正、正、负，说明参加技术培训次数越多，农户对保护性耕作技术、节水灌溉技术的选择意愿越强，对配方施肥技术的选择意愿越弱。农户参加技术培训次数越多，对技术信息的掌握越全面，越愿意选择保护性耕作技术和节水灌溉技术，由于配方施肥技术是政府统一管理实施的，技术培训次数的增多并没有促进农户对其的选择意愿。从平均边际效应分析，技术培训次数每增加一个单位，农户对保护性耕作技术和节水灌溉技术的选择意愿分别增加 4 个百分点、5 个百分点，对生物防治技术的选择意愿下降 3 个百分点。

（4）政策补贴因素的影响

政策满意程度在模型 A_4 中通过 5%统计水平的显著性检验，且回归系数的符号为正，说明对政策越满意，对节水灌溉技术的选择意愿越强，从边际效应分析，对政策的满意程度每增加一个等级，农户对节水灌溉技术的选择意愿会提高 4 个百分点。

贷款难易程度在模型 A_1、模型 A_4 中分别通过 10%、5%统计水平的显著检验，且系数分别为负，说明贷款越容易，农户对保护性耕作技术、节水灌溉技术的选择意愿越低，可能的解释是，贷款越容易，农户越倾向选择需要投入大量资金的技术。从平均边际效应分析，贷款难易程度变化一个单位，农户对保护性耕作技术和节水灌溉技术的选择意愿分别降低 3 个百分点和 2 个百分点。

（5）地理区位的影响

地理区位在模型 A_2、模型 A_3、模型 A_4、模型 A_5 上分别通过1%、1%、10%、1%统计水平的显著检验，且回归系数的符号分别为正、正、负、负，说明昌图地区农户对生物防治技术和机械化技术的选择意愿比苏家屯地区的农户高，昌图地区农户对节水灌溉技术和配方施肥技术的选择意愿低于苏家屯地区。从平均边际效应分析，农户所在地区从苏家屯到昌图到朝阳，农户对生物防治技术和机械化技术的选择意愿分别提高9个百分点和8个百分点，对节水灌溉技术和配方施肥技术的选择意愿分别下降5个百分点和11个百分点。

全部样本农户对技术选择意愿的分析总结如下（表4-4)：耕地规模对全部样本农户环境保护型技术的选择意愿并没有显著影响，对增产型生产技术的选择意愿有显著的正向影响，可能解释是，在农户规模较小时，追求家庭利益最大化的目标，会比较倾向增产型的生产技术，当耕地规模达到一定的极限，无法再扩大时，农户的家庭目标会发生变化，转向对环境友好型生产技术的偏好，此时影响农户对环境友好型生产技术的主要因素不再是耕地规模了。非农收入占比显著影响全部样本农户对增产型农业技术的选择意愿，非农收入占比越高的家庭，其兼业化程度越高，兼业化会导致农户向两种方向支配现有资源，其一是农户一直保持着兼业化的状态，可以调动一部分非农收入投入到农业生产中，这种情况下，农户对农业技术的需求将增强；其二是向非农户转变，即拥有土地但是不进行农业生产，将土地以转包或出租的形式进行土地流转，这种情况下农户对农业技术的需求将减弱。家中是否有农技员对增产型技术和环境友好型技术具有一定的影响；参加技术培训次数对增产型技术的选择意愿有显著的影响；地理位置对增产型技术和环境友好型技术均有一定的影响，具体表现在辽西的农户倾向选择环境友好型技术，而不倾向选择增产型技术，这是由辽西地区干旱半干旱的气候特点决定的。

表4-4 全部样本技术选择意愿边际效应估计结果

自变量	模型 B_1	模型 B_2	模型 B_3	模型 B_4	模型 B_5
性别	−0.086 (0.06)	−0.13** (0.06)	−0.07 (0.05)	−0.007 (0.05)	−0.03 (0.05)
年龄	0.04** (0.02)	0.06*** (0.02)	−0.00 (0.017)	−0.01 (0.02)	0.05*** (0.02)

（续）

自变量	模型 B_1	模型 B_2	模型 B_3	模型 B_4	模型 B_5
受教育程度	0.07** (0.03)	−0.02 (0.03)	−0.00 (0.026)	0.007 (0.02)	−0.03 (0.03)
健康程度	−0.01 (0.02)	−0.003 (0.02)	0.02 (0.02)	0.02 (0.02)	0.03 (0.02)
农业劳动力人数	0.02 (0.02)	0.006 (0.02)	−0.03* (0.02)	−0.03** (0.015)	0.03 (0.02)
非农业收入占比	−0.09 (0.07)	0.13* (0.07)	−0.07 (0.06)	−0.11* (0.06)	0.17** (0.07)
耕地面积	−0.003 (0.008)	0.003 (0.002)	0.000 4 (0.000 2)	−0.008 (0.006)	0.005* (0.003)
是否加入合作社	−0.004 (0.05)	−0.09* (0.05)	−0.084* (0.046)	−0.03 (0.04)	−0.07 (0.05)
家中是否有农技员	−0.15*** (0.06)	0.15** (0.06)	0.01 (0.05)	−0.08* (0.047)	0.22*** (0.06)
是否经常与村民沟通	0.06 (0.07)	0.04 (0.07)	0.09* (0.05)	−0.01 (0.05)	−0.06 (0.06)
参加技术培训次数	0.04* (0.02)	−0.02 (0.02)	−0.003 (0.014)	0.05*** (0.016)	−0.03** (0.01)
政策满意度	0.006 (0.05)	−0.02 (0.02)	−0.02 (0.02)	0.04** (0.02)	0.004 (0.02)
贷款难易程度	−0.03* (0.02)	0.03 (0.02)	−0.02 (0.014)	−0.02** (0.013)	−0.01 (0.015)
地理区位	0.03 (0.03)	0.09*** (0.03)	0.08*** (0.03)	−0.05* (0.03)	−0.11*** (0.03)

注：*、** 和 *** 分别表示通过了10%、5%和1%统计水平的显著性检验，括号内为估计量的稳健标准误。

4.3.2　普通农户的实证结果分析

对于普通农户的 Logistic 模型的分析结果如表 4－5 所示，表 4－6 反映的是普通农户的边际效应结果。模型 C_1～C_5 分别是对保护性耕作技术、生物防治技术、机械化技术、节水灌溉技术、配方施肥技术的分析结果。

表 4-5　普通农户技术选择意愿 Logistic 模型分析结果

自变量	环境友好型技术			增产型技术	
	模型 C_1	模型 C_2	模型 C_3	模型 C_4	模型 C_5
性别	−0.47 (0.36)	−0.92** (0.38)	−0.72* (0.39)	0.001 (0.44)	−0.24 (0.41)
年龄	0.09 (0.13)	0.21 (0.13)	0.03 (0.15)	−0.15 (0.16)	0.21** (0.15)
受教育程度	0.19 (0.19)	0.11 (0.19)	−0.09 (0.21)	0.06 (0.22)	−0.22 (0.21)
健康程度	0.05 (0.14)	−0.06 (0.16)	0.29* (0.16)	0.09 (0.17)	0.16 (0.17)
农业劳动力人数	0.03 (0.14)	−0.13 (0.15)	−0.23* (0.16)	−0.16 (0.15)	−0.01 (0.16)
非农业收入占比	−0.003 (0.44)	0.38 (0.47)	−0.03 (0.52)	−0.83** (0.53)	1.78*** (0.62)
耕地面积	0.008 (0.01)	−0.04*** (0.01)	−0.02 (0.01)	−0.01 (0.02)	0.01 (0.02)
是否加入合作社	−0.68** (0.53)	−0.94* (0.56)	−1.09** (0.53)	−0.74*** (0.60)	−0.69** (0.56)
家中是否有农技员	−1.03** (0.41)	1.09** (0.48)	0.24 (0.48)	0.14 (0.57)	1.27** (0.51)
是否经常与村民沟通	0.33 (0.47)	0.10 (0.51)	0.68* (0.49)	−0.22 (0.58)	−0.22 (0.50)
参加技术培训次数	0.29** (0.12)	−0.13 (0.11)	−0.05 (0.12)	0.29* (0.16)	−0.31** (0.12)
政策满意程度	0.32 (0.34)	0.35 (0.38)	0.49* (0.38)	0.42** (0.41)	−0.04 (0.38)
贷款难易程度	0.01 (0.11)	0.18** (0.12)	−0.02 (0.13)	−0.16 (0.13)	−0.15 (0.13)
地理区位	0.11 (0.22)	0.53** (0.22)	0.34*** (0.24)	−0.05 (0.25)	−0.65** (0.25)

注：*、** 和 *** 分别表示通过了 10%、5%和 1%统计水平的显著性检验，括号内为估计量的稳健标准误。

具体分析如下：

（1）农户个体特征的影响

性别在模型 C_2 和模型 C_3 中分别通过了5%、1%的统计水平的显著性检验，且回归系数的符号均为负，说明女性与男性相比，对生物防治技术和机械化技术的选择意愿较低。从边际效应分析，性别从男性变成女性，对生物防治技术和机械化技术的选择意愿分别下降16个百分点和10个百分点，性别对以上两种技术的选择意愿影响较大，与全部样本的作用方向一致。年龄在模型 C_5 中通过了5%统计水平的显著性检验，且回归系数的符号为正，说明农户年龄越大，越倾向选择配方施肥技术。从边际效应分析，年龄每增加一个单位，农户对配方施肥技术的选择意愿增加4个百分点，与全部样本的作用方向一致。健康程度在模型 C_3 中通过了1%统计水平的显著性检验，且回归系数的符号为正，说明农户的健康程度越好越倾向选择机械化生产技术，从边际效应分析，农户的健康程度每提高一个层次，对机械化技术的选择意愿增加4个百分点。受教育程度没有通过显著性检验。

（2）家庭特征的影响

农业劳动力人数在模型 C_3 中通过10%统计水平的显著性检验，且回归系数的符号为负，说明农业劳动力人数越多的普通农户家庭，对机械化技术的选择意愿越低，从边际效应分析，农业劳动力人数每增加一个单位，机械化技术的选择意愿降低3个百分点，与全部样本分析结果的作用方向一致。非农业收入占比在模型 C_4 和模型 C_5 中分别通过了5%，1%统计水平的显著性检验，且回归系数的符号分别为负、正，说明非农收入占比越大，普通农户对节水灌溉技术的选择意愿越低，对配方施肥技术的选择意愿更高，从边际效应分析，非农收入占比每增加一个单位，普通农户对节水灌溉技术的选择意愿降低11个百分点，对配方施肥技术的选择意愿增加26个百分点，与全部样本分析结果的作用方向一致。耕地面

积在模型 C_2 中通过 1%统计水平的显著性检验，且回归系数的符号为负，说明耕地面积越大农户越不倾向选择生物防治技术，可能的解释是，农户家庭的耕地面积越大，农户越倾向选择农药对病虫害进行治理，从边际效应分析，农户家庭的耕地面积每增加一个单位，农户对生物防治技术的选择意愿下降 0.7 个百分点，表明耕地面积对农户选择生物防治技术的意愿作用不明显。

(3) 技术推广信息获取的影响

是否加入合作社在模型 C_1 至模型 C_5 中分别通过 5%、10%、5%、1%、5%统计水平的显著性检验，且系数均为负，说明没有加入合作社的样本与加入合作社的样本相比，其对技术的选择意愿降低，与全部样本分析结果的作用方向一致。从边际效应分析，没有加入合作社与加入合作社的样本相比，农户对生物防治技术、机械化技术、节水灌溉技术、配方施肥技术的选择意愿分别降低 32 个百分点、16 个百分点、16 个百分点、9 个百分点、9 个百分点，因此普通农户是否加入合作社对其技术选择意愿的影响较大。

家中是否有农技员在模型 C_1、模型 C_2、模型 C_5 中通过了 5%统计水平的显著性检验，且回归系数的符号分别为负、正、正，说明家中没有农技员与家中有农技员的样本相比，农户对保护性耕作技术的选择意愿降低，对生物防治技术和配方施肥技术的选择意愿升高，与全部样本分析结果的作用方向一致。从边际效应分析，家中没有农技员与家中有农技员的样本相比，农户对保护性耕作技术的选择意愿降低 15 个百分点，对生物防治技术和配方施肥技术的选择意愿分别提高 19 个百分点和 19 个百分点，家中是否有农技员对技术选择意愿的影响较大，但是作用方向不尽相同。

是否经常与村民沟通在模型 C_3 中通过 10%统计水平的显著性检验，且回归系数的符号为正，与全部样本分析结果的作用方向一致。从边际效应分析，不经常与村民沟通的样本，农户对机械化技术的选择意愿提高 9 个百分点。参加技术培训次数在模型 C_1、模

型 C_4、模型 C_5 中分别通过 5%、10%、1%统计水平的显著性检验，且回归系数的符号分别为正、正、负，与全部样本分析结果的作用方向一致。从边际效应分析，参加技术培训次数每增加一个单位，农户对保护性耕作技术和节水灌溉技术的选择意愿分别增加 7 个百分点和 4 个百分点，对配方施肥技术的选择意愿降低 5 个百分点。

(4) 政策补贴因素的影响

政策的满意程度在模型 C_4 和模型 C_3 中分别通过了 5%和 10%统计水平的显著性检验，且回归系数的符号均为正，表明对政策越满意，农户对节水灌溉技术和机械化技术的选择意愿越高，与全部样本分析结果的作用方向一致。从边际效应分析，对政策的满意程度每提高一个等级，农户对节水灌溉技术的选择意愿提高 5 个百分点，对机械化技术选择意愿 7 个百分点。贷款难易程度在模型 C_2 中通过 5%统计水平的显著性检验，且回归系数的符号为正，说明贷款越容易，农户对生物防治技术的选择意愿越高，从边际效应分析，贷款难易程度每提高一个等级，农户对生物防治技术的选择意愿会提高 3 个百分点。

(5) 地理区位的影响

地理区位在模型 C_2、模型 C_3、模型 C_5 中分别通过 5%、1%、1%统计水平的显著性检验，且回归系数的符号分别为正、正、负，与全部样本分析结果的作用方向一致。从边际效应分析，昌图地区与苏家屯地区的样本相比，农户对生物防治和机械化技术的选择意愿分别高 9 个百分点和 9 个百分点，对配方施肥技术的选择意愿低 5 个百分点。

从普通农户样本技术选择意愿的分析可以看出，耕地面积显著影响普通农户对环境友好型技术的选择意愿，根究理论分析农户的务农收入越高，农户参与技术选择的意愿越强烈，普通农户由于耕地规模的限制，务农收入较规模农户低，其对技术选择的意愿较低，但是出于农民的惜地情节，会对环境友好型技术有所偏好。非农收入占比显著影响普通农户对增产型技术的选择意愿，与全部样本农户的回归结果一致。是否加入合作社显著影响普通农户对环境友好型技术以及增产型技术的选择意愿，加入合作社是普通农户获得农业技术信息的一种途径，农户在合作社中可以获得知识和技能，拓宽眼界，对技术的应用具有一定的积极影响。参加技术培训次数显著影响农户对增产型技术的选择意愿。地理位置对技术选择意愿的影响与全部样本的分析基本一致。

表 4-6　普通农户平均边际效应分析结果

自变量	模型 D_1	模型 D_2	模型 D_3	模型 D_4	模型 D_5
性别	−0.09 (0.07)	−0.16** (0.06)	−0.10* (0.06)	0.01 (0.06)	−0.03 (0.06)
年龄	0.02 (0.02)	0.04 (0.02)	0.004 (0.02)	−0.02 (0.02)	0.04** (0.02)
受教育程度	0.04 (0.04)	0.02 (0.03)	−0.01 (0.03)	0.01 (0.03)	−0.03 (0.03)
健康程度	0.01 (0.03)	−0.009 (0.03)	0.04* (0.02)	0.01 (0.02)	0.02 (0.02)
农业劳动力人数	0.01 (0.02)	−0.02 (0.03)	−0.03* (0.02)	−0.02 (0.02)	−0.001 (0.02)
非农业收入占比	−0.04 (0.08)	0.07 (0.08)	−0.004 (0.07)	−0.11* (0.07)	0.26*** (0.09)
耕地面积	−0.007 (0.005)	−0.07** (0.02)	−0.00 (0.002)	−0.002 (0.002)	0.001 (0.002)
是否加入合作社	−0.32** (0.13)	−0.16* (0.09)	−0.16** (0.08)	−0.09*** (0.08)	−0.09*** (0.08)
家中是否有农技员	−0.15** (0.07)	0.19** (0.08)	0.03 (0.07)	0.02 (0.07)	0.19*** (0.08)
是否经常与村民沟通	0.06 (0.09)	0.02 (0.09)	0.09* (0.07)	−0.03 (0.07)	−0.03 (0.07)

（续）

自变量	模型 D_1	模型 D_2	模型 D_3	模型 D_4	模型 D_5
参加技术培训次数	0.07***	−0.02	−0.007	0.04*	−0.05***
	(0.02)	(0.02)	(0.02)	(0.02)	(0.02)
政策支持	0.09	0.06	0.07*	0.05**	−0.01
	(0.06)	(0.07)	(0.05)	(0.05)	(0.06)
贷款难易程度	−0.004	0.03**	−0.003	−0.02	−0.02
	(0.02)	(0.02)	(0.02)	(0.02)	(0.02)
地理区位	0.04	0.09**	0.05***	−0.01	−0.09***
	(0.04)	(0.04)	(0.03)	(0.03)	(0.03)

注：*、** 和 *** 表示分别通过了10%、5%和1%统计水平的显著性检验，括号内为估计量的标准误。

4.3.3　大户的实证结果分析

对大户的 Logistic 分析结果如表 4－7 所示，表 4－8 反映的是大户的边际效应结果。

表 4－7　大户技术选择意愿 Logistic 模型分析

自变量	环境友好型技术			增产型技术	
	模型 E_1	模型 E_2	模型 E_3	模型 E_4	模型 E_5
性别	−1.01	1.65	0.34	0.28	−0.91
	(0.76)	(1.19)	(0.96)	(0.97)	(0.97)
年龄	0.45	0.77**	0.15	−0.33	0.69**
	(0.29)	(0.30)	(0.31)	(0.37)	(0.34)
受教育程度	0.78	−0.15	−0.29	−0.09	−0.28
	(0.49)	(0.58)	(0.56)	(0.64)	(0.59)
健康程度	−0.12	0.58*	0.05	0.53	0.72**
	(0.29)	(0.35)	(0.33)	(0.39)	(0.32)
农业劳动力人数	0.05	0.26	−0.24	−0.41*	1.05***
	(0.23)	(0.23)	(0.24)	(0.22)	(0.39)
非农业收入占比	−0.22	2.56**	−2.03*	1.78	0.48
	(1.08)	(1.27)	(1.10)	(1.67)	(1.23)

（续）

自变量	环境友好型技术			增产型技术	
	模型 E_1	模型 E_2	模型 E_3	模型 E_4	模型 E_5
耕地面积	0.000 1 (0.000 5)	0.003 (0.002)	0.003 (0.002)	−0.009* (0.06)	0.005 (0.003)
家中是否有农技员	−0.98* (0.55)	0.29 (0.57)	−0.04 (0.65)	−2.16*** (0.82)	1.94** (0.76)
是否经常与村民沟通	0.08 (0.82)	−0.82 (0.87)	−0.05 (0.88)	−0.36 (0.94)	−1.26 (0.98)
参加技术培训次数	−0.24 (0.17)	0.08 (0.18)	−0.08 (0.19)	0.49* (0.26)	−0.03 (0.21)
政策满意度	−0.05 (0.27)	−0.38 (0.29)	−0.18 (0.31)	0.10 (0.38)	−0.49 (0.37)
贷款难易程度	−0.43* (0.23)	0.38 (0.29)	−0.17 (0.27)	−0.23 (0.30)	0.41 (0.32)
地理区位	0.68* (0.37)	0.91** (0.46)	1.25*** (0.45)	−0.12 (0.47)	−1.23** (0.58)

注：*、** 和 *** 分别表示通过了10%、5%和1%统计水平的显著性检验，括号内为估计量的稳健标准误。

具体分析如下：

(1) 农户个体特征的影响

农户性别没有通过显著性检验。年龄在模型 E_2、模型 E_5 中通过5%统计水平的显著检验，且回归系数的符号为正，说明年龄越大的样本，大户对生物防治技术和配方施肥技术的选择意愿越强。从边际效应分析，年龄每增加一个单位，农户对生物防治技术和配方施肥技术的选择意愿分别提高11个百分点和8个百分点。受教育程度没有通过显著性检验。健康程度在模型 E_2 和模型 E_5 中分别通过10%、5%统计水平的显著性检验，且回归系数的符号为正，说明受教育程度越高，大户对生物防治技术和配方施肥技术的选择意愿越高。从边际效应分析，受教育程度每提高一个单位，大户对生物防治技术和配方施肥技术的选择意愿提高8个百分点。

(2) 家庭特征的影响

农业劳动力人数在模型 E_4、模型 E_5 中分别通过 10%、1%统计水平的显著性检验，且回归系数的符号分别为负、正，说明农业劳动力人数越多，大户对节水灌溉技术的选择意愿越低，对配方施肥技术的选择意愿越高。从边际效应分析，农业劳动力人数每增加一个单位，大户对节水灌溉技术的选择意愿降低 4 个百分点，对配方施肥技术的选择意愿提高 12 个百分点。非农收入占比在模型 E_2、模型 E_3 中分别通过 5%、10%统计水平的显著性检验，且回归系数的符号分别正、负，说明非农收入占比越高，大户对生物防治技术的选择意愿越高，对机械化技术的选择意愿越低。从边际效应分析，非农收入占比每提高一个单位，大户对生物防治技术的选择意愿提高 36 个百分点，对机械化技术的选择意愿降低 23 个百分点，非农收入占比越大，大户越倾向选择环境保护的技术，而对机械化技术的需求意愿降低。耕地面积在模型 E_3 中通过 10%统计水平的显著性检验，且回归系数的符号为负，说明耕地面积越大，大户对节水灌溉技术的选择意愿越低。从边际效应分析，耕地面积每提高一个单位，大户对节水灌溉技术的选择意愿降低 0.008 个百分点。

(3) 技术推广信息获取的影响

由于大户均加入合作社，因此对是否加入合作社的分析为空缺值，限于篇幅原因，将此空缺行删除。家中是否有农技员在模型 E_1、模型 E_4、模型 E_5 中分别通过 10%、1%、5%统计水平的显著性检验，且回归系数的符号分别为负、负、正，说明家中有农技员提高了保护性耕作技术和节水灌溉技术的选择意愿，降低了配方施肥技术的选择意愿。从边际效应分析，与家中有农技员的样本相比，农户对保护性耕作技术和节水灌溉技术的选择意愿分别降低 15 个百分点和 19 个百分点，对配方施肥技术的选择意愿提高 23 个百分点。是否经常与村民沟通没有通过显著性检验。参加技术培

训次数在模型 E_4 中通过10%统计水平的显著性检验，且回归系数的符号为正，说明参加技术培训次数越多，大户对节水灌溉技术的选择意愿越强。从边际效应分析，参加技术培训的次数每增加一个单位，大户对节水灌溉技术的选择意愿增加4个百分点。

(4) 政策补贴因素的影响

政策满意度并没有通过显著性检验，说明大户在做出农业决策时，政策的满意度并不是主要的因素。贷款难易程度在模型 E_1 中通过10%统计水平的显著性检验，其回归系数的符号为负，说明贷款越容易，大户对保护性耕作技术的选择意愿越低。从边际效应分析，贷款难易程度每提高一个阶段，大户对保护性耕作技术的选择意愿降低7个百分点。可能的解释是，贷款容易，大户可能更加倾向选择需要投入大量资金的技术。

从大户对技术选择意愿的分析结果可以看出，耕地面积在大户的增产型技术选择意愿的分析中表现出一定的影响，这里给出的解释是，规模农户的务农收入较普通农户高，其对技术选择的积极性较高，但是出于理性经济人考虑，会对增产型生产技术和环境友好型生产技术做出判断，研究结果指出不论大户的耕地面积如何变化对环境友好型技术的选择意愿不会改变，耕地规模的持续增加，对增产型技术的选择意愿会下降。非农收入占比会影响大户对环境友好型生产技术的选择意愿。家中是否有农技员会显著影响大户对增产型技术的选择意愿。地理区位对环境友好型技术和增产型技术的选择意愿均有一定的影响，估计结果与其他两种样本的基本一致。

表4-8 大户技术选择意愿边际效应分析

自变量	模型 F_1	模型 F_2	模型 F_3	模型 F_4	模型 F_5
性别	−0.15 (0.11)	0.24 (0.17)	0.04 (0.11)	0.02 (0.08)	−0.11 (0.11)
年龄	0.07 (0.04)	0.11*** (0.04)	0.02 (0.04)	−0.03 (0.03)	0.08** (0.04)

（续）

自变量	模型 F_1	模型 F_2	模型 F_3	模型 F_4	模型 F_5
受教育程度	0.12 (0.07)	−0.02 (0.08)	−0.03 (0.06)	−0.009 (0.05)	−0.03 (0.07)
健康程度	−0.02 (0.04)	0.08* (0.05)	0.005 (0.04)	0.05 (0.03)	0.08** (0.03)
农业劳动力人数	0.007 (0.03)	0.04 (0.03)	−0.03 (0.03)	−0.04* (0.02)	0.12*** (0.04)
非农业收入占比	−0.03 (0.16)	0.36** (0.17)	−0.23* (0.12)	0.15 (0.14)	0.06 (0.14)
耕地面积	−0.61 (0.000 8)	0.004 (0.003)	0.004 (0.003)	−0.008* (0.05)	0.005 (0.003)
家中是否有农技员	−0.15* (0.08)	0.04 (0.08)	−0.005 (0.07)	−0.19*** (0.07)	0.23*** (0.08)
是否经常与村民沟通	0.01 (0.12)	−0.12 (0.12)	−0.006 (0.09)	−0.03 (0.08)	−0.15 (0.11)
参加技术培训次数	−0.04 (0.03)	0.01 (0.03)	−0.009 (0.02)	0.04* (0.02)	−0.003 (0.02)
政策满意度	−0.008 (0.04)	−0.05 (0.04)	−0.02 (0.03)	0.15 (0.03)	−0.06 (0.04)
贷款难易程度	−0.07* (0.03)	0.05 (0.04)	−0.02 (0.03)	−0.02 (0.03)	0.05 (0.04)
地理区位	0.10* (0.05)	0.13** (0.06)	0.14*** (0.05)	−0.01 (0.04)	−0.15*** (0.06)

注：*、** 和 *** 分别表示通过了10%、5%和1%统计水平的显著性检验，括号内为估计量的稳健标准误。

4.4　本章小结

本章运用博弈模型对农户进行技术选择行为进行分析，从理论上探讨了各个解释变量对农户技术选择行为的影响，在此基础上做出研究假说，并通过实证分析的方法分析了不同经营规模农户对玉米生产关键技术的选择意愿，得出的主要结论为：

第一，不同经营规模样本农户对技术选择意愿有所差异，这种差异主要是由于耕地规模、务农收入以及地理位置差异造成的。

第二，耕地规模的增加，会影响全部样本农户和大户样本对增产型技术的选择意愿的概率，影响普通农户对环境保护型技术选择意愿的概率；非农收入占比影响全部样本农户和普通农户对增产型技术选择意愿的概率，影响大户对环境友好型技术选择意愿的概率；辽宁中部及北部地区倾向选择增产型技术，辽宁西部地区对环境友好型技术具有选择意愿的概率较高。

第三，影响不同经营规模农户对单个技术具有选择意愿的概率的因素有所差异。对于普通农户而言，加入合作社、家中有农技员、参加培训次数多会提高其对保护性耕作技术具有选择意愿的概率；男性被访者、耕地规模小、加入合作社、家中无农技员、贷款容易、居住在辽宁西部会增加对生物防治技术具有选择意愿的概率；非农收入占比低、加入合作社、参加培训次数多、政策满意会增加对节水灌溉技术具有选择意愿的概率；年长者、非农收入占比高、加入合作社、家中无农技员、参加培训次数少、居住在辽宁中部会增加对配方施肥技术具有选择意愿的概率；男性被访者、身体健康、劳动力人数少、加入合作社、经常与村民沟通、对政策满意、居住在辽宁西部会增加对机械化技术具有选择意愿的概率。

对于规模农户来说，家中有农技员、贷款难会增加其对保护性耕作技术具有选择意愿的概率；年长者、身体健康、非农收入占比高、居住在辽宁西部会增加对生物防治技术具有选择意愿的概率；家庭劳动力人数少、耕地规模小、家中有农技员、参加培训次数多会增加对节水灌溉技术具有选择意愿的概率；年长者、身体健康、家庭劳动力数量少、家中无农技员、居住在辽宁中部对增加对配方施肥技术具有选择意愿的概率；非农收入占比低、居住在辽宁西部会增加对机械化技术具有选择意愿的概率。

第五章 不同经营规模农户玉米生产关键技术行为选择研究

在第三章对不同经营规模农户的技术选择行为基本特征的描述，对选择技术农户的基本特征进行分析，并对影响农户技术选择行为的因素进行概括，以及第四章对技术选择意愿的研究基础上，利用研究区域510份被调查农户的调研数据，对不同经营规模农户对玉米生产关键技术的选择行为决策进行实证研究，以揭示农户技术选择行为特征，并运用计量模型分析农户技术选择行为的主要影响因素和作用机理，并针对研究结论，以期提高农户技术选择率，为下一章意愿与行为转化的研究铺垫。

5.1 分析框架与研究假设

5.1.1 分析框架

农户在对增产型玉米生产技术和环境友好型农业生产技术之间进行选择时选择了其中一种是因为其具有较高的经济价值，在同样的成本投入前提下，使用这种技术能够获得更高的收益，据此，提出本章的分析框架，如图5-1所示

图5-1为农户技术选择行为分析框架图，获取技术信息数量会对农户的技术选择行为产生直接的影响，这将在本章对技术选择强度的研究中体现，这里将技术信息加入生产模型中进行分析：农

户在增产型农业技术和环境友好型农业技术之间进行选择，农户的预算约束为 W，用右边的横轴表示农户对增产型农业技术的选择数量，左边横轴表示农户所掌握的技术信息的数量。

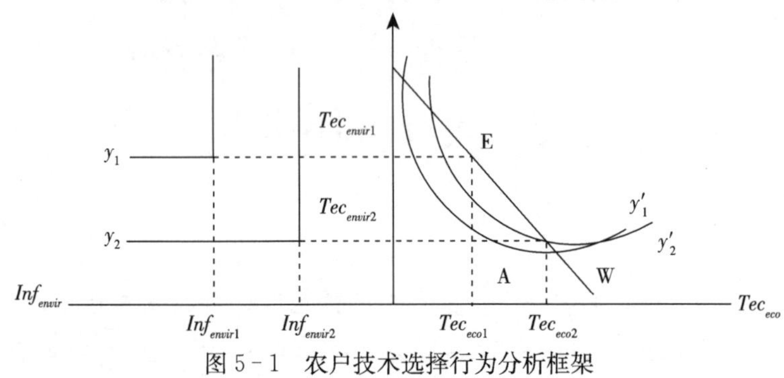

图 5－1　农户技术选择行为分析框架

根据农户对技术信息的掌握程度，分三种情况进行分析：一是农户掌握信息较充分，技术信息为 Inf_{envir1}，出于经济理性的农户会选择在均衡点 E 进行农业生产以实现最大利润，相应的两种经营规模技术的数量分别为 Tec_{envir1} 和 Tec_{eco1}，农户获得的总产出为 y'_1，其中环境友好型技术对产出的贡献为 y_1；二是农户对技术信息掌握得不全面，新技术数量为 Inf_{envir2}，农户投入的技术数量是 Tec_{envir1}，此时农户的最佳选择的技术数量是 Tec_{envir2}，即使投入的是 Tec_{envir1} 也不会在均衡点进行生产，存在绝对的资源浪费；三是农户对技术信息的掌握不全面，新技术数量为 Tec_{envir2}，农户选择在 A 点进行生产，总产出下降到 y'_2，虽然不及在均衡点的产出，但是不存在资源浪费。从以上的分析可以看出，农户对技术信息的掌握情况会对技术选择行为产生影响。农户的技术选择行为是一个复杂的过程，需要将各种资源进行整合，并进行判断，最后做出是否选择技术，以及选择哪些技术的决定。

5.1.2　研究假设

被访农户个体特征会对农户技术选择行为产生影响。根据已有的研究，农户的个人特征会对技术选择行为产生影响，一般情况下，农户的年龄越大，对技术选择的积极性越低，倾向于沿用之前的生产经验。少数学者认为农户的受教育程度不一定显著正向影响技术选择行为，受教育程度越高，高产型技术的选择率越低，劳动节约型技术的选择率越高，但通常情况下，农户的受教育程度越高，视野越开阔，对技术的了解越全面，农户选择农业新技术的可能性越大，受教育程度对技术选择行为具有显著的正向影响（Feder et al.，1984；孔祥智等，2004）。基于上述分析，提出如下假说：

假说 1：年龄负向影响农户对玉米生产关键技术的选择行为，受教育程度正向影响农户对玉米生产关键技术的选择行为，男性农户对玉米生产关键技术的选择较积极。

家庭特征会对农户技术选择行为产生影响。家庭特征反映了家庭可支配的资源约束，包括土地（耕地面积）、人工（农业劳动力人数）、资金（非农收入占比）等。一般情况下，耕地面积越大，农户对技术的选择率越高。农业劳动力人数越多，家庭可用来农业生产的劳动力越多，对技术的选择可能性越大。非农收入占比越高，兼业化程度越高，农户可以将更多的非农收入投入到农业生产中，从而提高农业技术选择的可能性，但也可能因为非农活动多导致务农热情的下降，进而降低农业技术选择率。基于上述分析，提出如下假说：

假说 2：耕地面积、农业劳动力数量正向影响农户对玉米生产关键技术的选择行为，非农收入占比对玉米生产关键技术选择行为的作用方向不确定。

土地资源特征会对农户技术选择行为产生影响。土壤质量衡量的是土地贫瘠指数，土壤质量越好，农户对保护型技术的选择可能越低，对高产型技术会有更高的偏好。Jacoby H. G.（2002）、廖洪乐等（2003）提出稳定的产权会提高土地产出效率。因此，农户在对待自家土地和租入土地会有不同的态度，对技术的选择行为和选择强度均会产生差异。基于以上分析，提出如下假说：

假说 3：土壤质量、租入土地情况对玉米生产关键技术选择行为的影响方向不明确。

风险会对农户技术选择行为产生影响。农业生产受自然灾害的影响较大，农户对农业技术的投入具有较高的收益不确定性，农户可能对农业新技术的选择和资金的投入持谨慎的态度，农户因为家庭赡养负担、收入水平较低、收入来源单一、抗风险能力弱，会存在较强的风险规避性。王志刚（2010）指出主观风险指数越大越偏好风险，越有可能选择农业新技术。基于上述分析，提出如下假说：

假说 4：主观风险指数正向影响农户对玉米生产关键技术的选择行为，自然灾害和家庭赡养系数负向影响农户对玉米生产关键技术的选择行为。

政策环境特征会对农户技术选择行为产生影响。农户在技术选择过程中政府有关部门的支持力度越大，农户自有资金的压力越小，对技术选择的可能性越大，基于上述分析，提出如下假说：

假说 5：政策满意度正向影响农户对玉米生产关键技术的选择行为，技术服务形式对玉米生产关键技术选择行为的影响不确定。

5.2 变量选取与模型设定

5.2.1 变量选取

借鉴已有相关文献，确定本章技术选择行为各类影响因素为，被访农户个人特征因素，包括年龄、性别、受教育程度；家庭特征因素，包括耕地面积、农业劳动力人数、非农收入占比；土地资源特征因素，包括土壤质量、租入土地情况；风险特征因素，包括自然灾害、家庭赡养系数、主观风险指数[①]；政策环境因素，包括技术服务形式、政策满意度。具体指标定义与说明见表5-1。

表5-1　模型中变量定义与说明

变　量	变量赋值	均值	标准差
技术选择行为（Y_1）	选择保护性耕作技术=1；否=0	0.56	0.49
	选择生物防治技术=1；否=0	0.35	0.48
	选择节水灌溉技术=1；否=0	0.36	0.48
	选择配方施肥技术=1；否=0	0.31	0.46
	选择机械化技术=1；否=0	0.62	0.48
技术选择强度（Y_2）	农户选择技术的数量	2.19	1.02
技术选择强度（Y_3）	选择保护性耕作技术的面积占总耕地面积的比重	0.24	0.29
	选择生物防治技术的面积占总耕地面积的比重	0.16	0.28
	选择节水灌溉技术的面积占总耕地面积的比重	0.17	0.29
	选择配方施肥技术的面积占总耕地面积的比重	0.16	0.31
	选择机械化技术的面积占总耕地面积的比重	0.32	0.35
性别（X_1）	男=1；女=2	1.13	0.34

① 主观风险指数主要通过受访农户对以下6个测度问题描述的级别评分进行综合计算：我认为不冒风险就没有收入；为了获取更多收入，我愿意冒风险和损失；只有确信没有风险，我才愿意投资；投资新的产品是有风险的，我一般不做；我更愿意进行较为安全的投资；如果我确信投资能获利，我将借钱投资。调查中农户对这些问题从1到5进行评分，1表示完全不同意，5表示完全同意。上述6个问题中，第三、第四和第五个问题评价等级分数越高说明农户越倾向规避风险，而其他三个问题的评分则相反。因此，对第一、第三和第四个问题的评价分数进行了处理，使其与其他三个问题风险态度的方向一致，从而获得相应的风险指数，风险指数评价等级分数越高说明农户越倾向偏好风险。

（续）

变　量	变量赋值	均值	标准差
年龄（X_2）	18～30岁=1；31～40岁=2；41～50岁=3；51～60岁=4；60岁以上=5	3.54	1.03
受教育程度（X_3）	小学及以下=1；初中=2；高中=3；大学及以上=4；研究生及以上=5	1.81	0.67
农业劳动力人数（X_4）	以家庭实际农业劳动数量计	2.22	1.02
非农业收入占比（X_5）	用农业收入与总收入的比值来计	0.69	0.29
耕地面积（X_6）	以家庭实际耕地面积来计	74.06	238.50
土壤质量（X_7）	非常差=1；差=2；一般=3；好=4；非常好=5	3.14	0.81
土地租入情况（X_8）	是=1；否=0	0.45	0.49
自然灾害（X_9）	否=0；水灾=1；旱灾=2；风灾=3	1.44	1.24
家庭赡养系数（X_{10}）	以家庭中小于16岁及大于60岁人口数与总人口数的比值	0.25	0.44
主观风险指数（X_{11}）	根据设置问项计算	3.57	0.65
技术服务形式（X_{12}）	集中授课=1；现场示范=2；录像指导=3；上门指导=4；发放资料=5；其他=6	1.30	0.73
政策满意度（X_{13}）	非常不满意=1；比较不满意=2；一般=3；比较满意=4；非常满意=5	3.81	1.05

注：主观风险指数，1=风险厌恶，5=风险偏好，1到5风险偏好递增。

5.2.2 回归模型设定

本书将技术选择行为分成是否选择（Y_1）、技术选择强度（Y_2、Y_3），在分析技术选择强度（Y_2）的影响因素与作用机制时，本书选择泊松计数模型对参数进行估计。在分析技术选择强度（Y_3）时，本书用Heckman模型和普通回归相结合的方法对参数进行估计。本章的具体模型设定如下。

(1) 泊松回归模型

被解释变量为技术选择数量（Y_2），只能取非负整数，即0，1，

2，……，对于这类计数数据，一般会使用泊松回归进行估计。假设，在一次实验中某事件发生的概率为 p，该事件发生的次数为 Y，则 $Y=y$ 的概率为：

$$p(Y=y)=C_n^y p^y (1-p)^{n-y} (y=0,1,2,\cdots,n)$$

当 $p\to 0$，$n\to\infty$，而 $np=\lambda>0$ 时，此概率的极限为泊松分布：

$$\lim p(Y=y)=\lim C_n^y p^y (1-p)^{n-y}=\frac{e^{-\lambda}\lambda^y}{y!}(y=0,1,2,\cdots,n)$$

在计数数据中，对于个体 i，被解释变量为 Y_i，假设 $Y_i=y_i$ 的概率由参数为 λ_i 的泊松分布决定：

$$p(Y_i=y_i/x_i)=\frac{e^{-\lambda_i}\lambda_i^{y_i}}{y_i!}(y_i=0,1,2,\cdots,n)$$

$\lambda_i>0$ 为泊松到达率，表示事件发生的平均次数，由解释变量 x_i 所决定。

假定样本独立同分布，则样本的似然函数为：

$$L(\beta)=\frac{\exp\left(-\sum_{i=1}^{n}\lambda_i\right)\cdot\prod_{i=1}^{n}\lambda_i^{y_i}}{\prod_{i=1}^{n}y_i!}$$

其对数似然函数为：

$$\begin{aligned}\ln L(\beta) &= \sum_{i=1}^{n}[-\lambda_i+y_i\ln\lambda_i-\ln(y_i!)]\\ &= \sum_{i=1}^{n}[-\exp(x'_i\beta)+y_i x'_i\beta-\ln(y_i!)]\end{aligned}$$

最大化的一阶条件为：

$$\sum_{i=1}^{n}[y_i-\exp(x'_i\beta)]x_i=0$$

通过数值计算可得 $\hat{\beta}_{MLE}$，并不表示边际效应，由于 $\ln\lambda_i=x'_i\beta$，故 $\frac{\partial\ln\lambda_i}{\partial x_k}=\beta_k$，因此，可以将 β_k 解释为“半弹性”，即当解释变量 x_k 增加微小量时，事件的平均发生次数将是原来的多少倍。

(2) Heckman 选择模型

技术选择行为决策包括两个过程，第一是技术选择决策，即决定是否选择某一项技术，第二是技术的选择强度，这是行为决策两个连续的阶段。如果数据中存在较多技术选择强度为零的样本，而在实证分析中剔除这些样本，用普通最小二乘法（OLS）进行估计，将会导致样本选择性偏差；如果包含这些样本，忽略是否选择技术及选择强度之间的差异也会导致估计偏误。目前研究这类行为决策最常用的方法是 Heckman 两阶段模型（Heckman，1979）。

技术选择决策：利用调研数据，对不同经营规模农户是否选择了某项技术选择 Heckprob 模型来分析，是否选择技术的决策可以用如下方程来表示：

$$p_i^* = z_i\gamma + u_i$$

$$p_i = \begin{cases} 1，如果\ z_i\gamma + u_i > 0 \\ 0，如果\ z_i\gamma + u_i \leqslant 0 \end{cases} \tag{5-1}$$

式中，p_i^* 选择技术行为发生的概率，它可以由一系列因素解释，如果选择了某项技术，则 $p_i=1$，否则 $p_i=0$；z_i 为解释变量；γ 为待估参数；u_i 为随机扰动项。

技术选择强度：选择 $p_i=1$ 的样本，利用 OLS 方法对方程进行估计，并将 λ 作为方程的一个额外变量进行纠正样本选择性偏差，即：

$$\ln y_i = X_i\beta + \lambda\alpha + \eta_i \tag{5-2}$$

式中，$\ln y_i$ 是第二阶段的被解释变量，即不同经营规模农户的技术选择强度；α、β 为待估参数。如果 α 通过了显著性检验，则选择性偏误是存在的，表示 Heckman 两阶段估计方法对纠正样本选择性偏误有明显的效果，因此，选择 Heckman 选择模型是合适的，这样，通过式（5-2）计算得出的 λ 值将不同经营规模农户的两个有联系的决策阶段用模型很好地反映出来了。

Heckman 两阶段模型要求 X_i 是 Z_i 的一个严格子集（伍德李奇，2007），即式（5-2）中任何一个解释变量也应该是式（5-1）

的解释变量，但是在第二步的回归中还应该包括至少一个排他性的识别变量，这个识别变量对解释变量1有直接影响，对解释变量2没有直接影响。即在本书Heckman模型中，第一步回归的被解释变量为“技术选择强度”，第二步回归的被解释变量为“是否选择技术行为”，这两阶段选择的解释变量为：个人特征（性别、年龄、受教育程度）、家庭特征（农业劳动力人数、农业收入占比、耕地规模）、土地资源特征（土壤质量、租入土地情况）、风险（受灾情况、家庭抚养负担、主观风险指数）、政策（技术服务组织，政策的满意度）5个方面，13个解释变量，根据已有文献的参考，选择的识别变量为信息获取渠道数量，该变量对是否选择技术行为有直接影响，对技术选择强度没有直接影响。

5.3　实证结果与分析

5.3.1　不同经营规模农户技术选择数量的实证分析

技术选择强度（Y_2）为农户技术选择的数量，表示技术选择的广度，即农户选择几种技术进行农业生产，是从数量上衡量不同规模农户技术选择强度。被解释变量（Y_2）为计数变量，农户选择一种技术计为1，选择两种技术计为2，选择三种技术计为3，选择四种技术计为4，选择五种技术计为5。使用Stata 13.0软件，选择泊松模型对研究问题进行拟合，得到的结果如表5-2所示。

表5-2　农户技术选择数量的泊松模型回归结果

变量	模型 A_1		模型 A_2		模型 A_3	
	IRR	Robust Std. Err	IRR	Robust Std. Err	IRR	Robust Std. Err
年龄	−0.018	0.022	−0.036	0.026	0.034	0.042
受教育程度	0.073**	0.033	0.079**	0.041	0.032	0.047

（续）

变量	模型 A_1		模型 A_2		模型 A_3	
	IRR	Robust Std. Err	IRR	Robust Std. Err	IRR	Robust Std. Err
性别	−0.089	0.069	−0.158*	0.090	0.089	0.086
耕地面积	0.000 2***	0.000 04	0.001***	0.000 3	0.000 2***	0.000 04
农业劳动力数量	0.028	0.020	0.036	0.025	0.013	0.031
非农收入占比	−0.101	0.074	−0.104	0.092	0.009	0.119
土壤质量	0.037	0.024	0.035	0.030	0.041	0.039
土地租入情况	0.062	0.042	0.019	0.051	0.121*	0.074
自然灾害	0.005	0.016	0.024	0.019	−0.015	0.025
家庭赡养系数	−0.029	0.048	−0.068	0.060	0.079	0.075
主观风险指数	−0.053	0.032	−0.021	0.039	0.107**	0.049
技术服务形式	0.040*	0.023	0.036	0.041	0.051**	0.023
政策满意度	0.044**	0.021	0.054**	0.026	0.021	0.044
Wald chi2	778.31		580.249		194.163	
Prob>chi2	0.000 0		0.000 1		0.000 0	
Pseudo R^2	0.127		0.117		0.193	
N	510		384		126	

注：*、** 和 *** 分别表示通过了10%、5%和1%统计水平的显著性检验。括号内为稳健标准误。

由表5-2的结果显示，模型 A_1 是全部样本的回归结果，被访农户的受教育程度显著正向影响技术选择数量，且通过5%统计水平的显著性检验，表明受教育程度越高，农户选择的技术数量越多，不难理解，受教育程度越高，农户的视野越开阔，对信息的掌握也比较全面，选择技术的数量越多；耕地面积显著正向影响技术选择数量，且通过1%统计水平的显著性检验，表明耕地面积越大，农户选择的技术数量越多，耕地面积越大，农户需要投入更多劳动力、资金到农业生产中，对农业技术的偏好也会更大，因此也提高了农户选择技术的可能性。政策环境显著正向影响技术选择数量，具体来说，技术服务形式通过 10%统计水平的显著性检验，对全部样本农户进行发放材料式的技术信息推广，可以使农户更好地理解新技术的操作规程，更全面了解技术的投入和产出，帮助农户做出理性的判断，提高农户技术选择的可能性。政策满意度通过了 5%统计水平的显著性检验，农户对当地政策越满意，对技术实施后的效果越有信心，提高其对技术选择的可能性。

模型 A_2 是普通农户的回归结果，对于普通农户来说，个体特征的受教育程度显著正向影响技术选择数量，且通过 5%显著水平的统计检验，性别显著负向影响技术选择数量，且通过 10%统计水平的显著性检验；家庭特征的耕地面积显著正向影响技术选择数量，且通过 1%统计水平的显著性检验；政策满意度显著正向影响技术选择数量，且通过 5%统计水平的显著性检验。

模型 A_3 是大户的回归结果，对于大户来说，个体特征并不会对技术选择数量产生影响；家庭特征耕地面积显著正向影响技术选择数量，且通过 1%统计水平的显著性检验；土地资源特征的土地租入情况显著正向影响技术选择数量，且通过 10%统计水平的显著性检验，说明没有租入土地会增加大户对技术的选择数量，从调查的情况分析，大户的大部分土地都是土地流转而来，可能的解释是，大户在对待租入的土地会投入必须使用的技术，而对于环境保护型技术可能会选择性使用，因此租入土地会减少其对技术的选择数量；风险态度正向影响大户技术选择数量，且通过 5%统计水平的显著性检验；技术服务形式化显著正向影响技术选择数量，且通过 5%统计水平的显著性检验。

5.3.2　不同经营规模农户技术选择强度影响因素的实证分析

农户技术选择强度（Y_3），测量的方法是农户选择技术的面积占全部耕地面积的比重。在调查样本中，既包括选择技术的农户，也包括没有选择技术的农户，农户从理性经济人的角度出发，不论选择何种农业技术，目标都是为了追求利润最大化或者是成本最小化，所以农户会根据自身资源禀赋为了实现利益最大化做出理性的行为决策。但是在考察农户技术选择强度（Y_3）时，无法观察到没有技术选择行为农户的技术选择强度，因而使得样本出现选择性偏误，最终导致估计结果有偏，Heckman 模型可以很好地解决样本选择性偏误的问题。为了与 Heckman 模型的估计结果进行比较分析，本书先对全部样本进行 OLS 回归，模型 B_1～B_5 是对全部样本的 OLS 回归结果，分别代表保护性耕作技术、生物防治技术、机械化技术、节水灌溉技和配方施肥技术的估计结果，因变量为农户是否有技术选择行为（Y_1），估计结果见表 5-3。

受教育程度、农业劳动力数量对保护性耕作技术有不同程度的影响；非农收入占比、土壤质量正向影响生物防治技术选择行为，土地租入情况、家庭赡养系数负向影响生物防治技术的选择行为；受教育程度、农业劳动力数量、耕地面积、土地租入情况正向影响机械化技术的选择行为，非农收入占比负向影响机械化技术的选择行为；耕地面积、政策满意度正向影响节水灌溉技术的选择意愿，年龄、风险态度、技术服务组织负向影响节水灌溉技术的选择行为；农业劳动力数量、耕地面积、土壤质量、土地租入情况、政策满意度、正向影响配方施肥技术的选择行为；

表 5-3　技术选择行为的影响因素估计结果

变量	环境友好型技术		增产型技术		
	模型 B_1	模型 B_2	模型 B_3	模型 B_4	模型 B_5
性别	−0.019 (0.067)	−0.028 (0.064)	−0.027 (0.065)	−0.006 (0.062)	−0.074 (0.064)
年龄	−0.018 (0.023)	0.009 (0.022)	0.019 (0.022)	0.013 (0.021)	−0.057*** (0.022)
受教育程度	0.108*** (0.033)	−0.039 (0.032)	0.051* (0.032)	0.033 (0.031)	−0.010 (0.032)

（续）

变量	环境友好型技术		增产型技术		
	模型 B_1	模型 B_2	模型 B_3	模型 B_4	模型 B_5
农业劳动力数量	−0.045**	0.015	0.031*	0.051**	0.019
	(0.022)	(0.021)	(0.021)	(0.020)	(0.021)
非农收入占比	−0.122	0.234***	−0.316***	0.038	−0.048
	(0.078)	(0.074)	(0.075)	(0.072)	(0.074)
耕地面积	0.000 01	0.000 01	0.000 2**	0.000 2**	0.000 2**
	(0.000 09)	(0.000 09)	(0.000 09)	(0.000 09)	(0.000 09)
土壤质量	−0.028	0.047*	0.015	0.058*	−0.011
	(0.028)	(0.026)	(0.026)	(0.025)	(0.026)
土地租入情况	0.027	−0.126***	0.079*	0.079*	0.047
	(0.045)	(0.043)	(0.044)	(0.042)	(0.043)
自然灾害	0.000 4	−0.004	0.009	0.023	−0.021
	(0.017)	(0.017)	(0.017)	(0.016)	(0.017)
家庭赡养系数	0.057	−0.098**	0.016	−0.071	0.021
	(0.034)	(0.049)	(0.049)	(0.047)	(0.049)
主观风险指数	0.020	−0.038	−0.006	−0.015	−0.064**
	(0.034)	(0.033)	(0.033)	(0.032)	(0.033)
技术服务形式	0.042	0.033	0.040	0.028	−0.050*
	(0.029)	(0.029)	(0.029)	(0.028)	(0.029)
政策满意度	−0.017	0.018	−0.009	0.044**	0.078***
	(0.021)	(0.020)	(0.020)	(0.019)	(0.020)

注：*、** 和 *** 分别表示通过了10%、5%和1%统计水平的显著性检验，括号内的数值为稳健标准误。

模型 C_1～C_5 选择 OLS 模型分别对选择了技术的农户进行估计，因变量为各技术的选择强度（Y_3），估计结果如表 5-4 所示。

性别、农业劳动力数量、非农收入占比、土地租入情况、政策满意度显著正向影响保护性耕作技术的选择强度；农业劳动力数量、土地租入情况、政策满意度显著正向影响，技术服务组织显著负向影响生物防治技术的选择强度；性别、年龄、农业劳动力数量、非农收入占比、耕地面积、土地租入情况、政策满意度显著正向影响机械化技术的选择强度；性别、农业劳动力数量、非农收入占比、土地租入情况显著正向影响，受教育程度显著负向影响节水灌溉技术的选择强度；农业劳动力人数、非农收入占比、土地租入情况、显著正向影响，受教育程度、家庭赡养系数、风险态度显著负向影响配方施肥技术的选择强度。从两表的对比结果，可以看出，各变量的显著程度和作用方向有一定的差异，分析其原因，可能是样本选择性偏误造成的。

表 5-4　技术选择强度（Y_3）影响因素估计结果

变量	环境友好型技术		增产型技术		
	模型 C_1	模型 C_2	模型 C_3	模型 C_4	模型 C_5
性别	0.118***	−0.013	0.151***	0.072	0.134**
	(0.044)	(0.057)	(0.046)	(0.067)	(0.067)
年龄	−0.007	0.033	0.026*	0.019	−0.006
	(0.015)	(0.022)	(0.016)	(0.024)	(0.022)
受教育程度	−0.003	0.017	−0.026	−0.059*	−0.057*
	(0.020)	(0.029)	(0.022)	(0.035)	(0.031)
农业劳动力数量	0.053***	0.052**	0.076***	0.053***	0.088***
	(0.015)	(0.022)	(0.014)	(0.019)	(0.019)
非农收入占比	0.178***	0.020	0.209***	0.156**	0.173**
	(0.053)	(0.068)	(0.057)	(0.074)	(0.081)
耕地面积	0.000 09	0.000 08	0.000 09*	0.000 1	0.000 07
	(0.000 06)	(0.000 07)	(0.000 06)	(0.000 08)	(0.000 06)
土壤质量	−0.023	−0.013	−0.000 04	−0.036	−0.039
	(0.018)	(0.029)	(0.018)	(0.027)	(0.024)
土地租入情况	0.082***	0.142***	0.102***	0.174***	0.070*
	(0.029)	(0.045)	(0.031)	(0.046)	(0.040)
自然灾害	−0.010	0.024	0.002	−0.027	−0.001
	(0.012)	(0.018)	(0.012)	(0.017)	(0.016)
家庭赡养系数	0.016	0.008	−0.059	−0.101*	−0.051
	(0.032)	(0.053)	(0.036)	(0.056)	(0.045)

（续）

变量	环境友好型技术		增产型技术		
	模型 C_1	模型 C_2	模型 C_3	模型 C_4	模型 C_5
主观风险指数	−0.022	−0.046	−0.033	−0.057*	−0.037
	(0.024)	(0.031)	(0.025)	(0.033)	(0.032 0)
技术服务形式	0.000 5	−0.058**	−0.013	−0.013	−0.012
	(0.022)	(0.028)	(0.019)	(0.025)	(0.025)
政策满意度	0.036**	0.041**	0.056***	0.029	0.021
	(0.014)	(0.020)	(0.015)	(0.022)	(0.020)

注：*、** 和 *** 分别表示通过了10%、5%和1%统计水平的显著性检验，括号内的数值为稳健标准误。

在以上的研究中，为了纠正研究中可能存在的样本选择性偏误问题，对技术选择强度影响因素的研究选择 Heckman 两步法进行回归，Heckman 方程中，被解释变量是技术选择强度，解释变量同 OLS 回归模型的解释变量一致，选择模型中，被解释变量为是否选择技术，解释变量除了包括影响技术选择强度的变量外，还应该至少包括一个排他性的识别变量。借鉴已有相关研究，本书选择技术信息获取渠道数量作为选择方程的识别变量。

表 5-5 中，模型 $D_1 \sim D_{10}$ 是选择 Heckman 两步法对全部样本的技术选择行为进行估计的结果。在第二步回归中，年龄越小，赡养负担越小，农户对保护性耕作技术的选择强度越高。男性被访者、受教育程度低、农业劳动力人数越少、非农收入占比越高，农户对生物防治技术的选择强度越高；非农收入占比、耕地面积、技术服务形式，显著影响机械化技术的选择决策；年龄越大、受教育程度越高、没有租入土地、主观风险指数越低、以发放材料这样的技术服务形式、农户对机械化技术的选择强度越高；男性被访农户、受教育程度越高、主观风险指数越低，农户对节水灌溉技术的选择强度越高；赡养负担越小、主观风险指数越低、政策满意度越高，农户对配方施肥技术的选择强度越高。

表 5-5　全部样本技术选择强度影响因素分析结果：Heckman 两步法

变量	环境友好型技术				增产型技术					
	模型 D_1	模型 D_2	模型 D_3	模型 D_4	模型 D_5	模型 D_6	模型 D_7	模型 D_8	模型 D_9	模型 D_{10}
	Heckman	选择方程	Heckman	选择方程	Heckman	选择方程	Heckman	选择方程	Heckman	选择方程
性别	−0.01 (0.05)	0.17 (0.23)	−0.14** (0.11)	0.20 (0.23)	−0.01 (0.04)	−0.22 (0.24)	−0.03 (0.12)	−0.27 (0.28)	−0.18* (0.11)	−0.45* (0.26)
年龄	−0.03* (0.01)	−0.08 (0.07)	0.01 (0.03)	0.05 (0.07)	0.02** (0.01)	0.06 (0.07)	−0.03 (0.03)	−0.06 (0.08)	−0.04 (0.03)	−0.17** (0.07)
受教育程度	0.002 (0.03)	0.23** (0.11)	−0.01* (0.07)	−0.14 (0.11)	0.01** (0.02)	0.13 (0.11)	0.05 (0.07)	0.20* (0.12)	0.06* (0.04)	−0.09 (0.11)
农业劳动力	−0.02 (0.02)	−0.11 (0.07)	−0.03*** (0.03)	0.03 (0.08)	0.01 (0.01)	0.02 (0.08)	0.000 8 (0.03)	0.01 (0.08)	0.02 (0.02)	0.02 (0.08)
非农收入占比	−0.000 5 (0.05)	−0.19 (0.24)	0.02** (0.37)	0.77*** (0.25)	−0.05 (0.05)	−0.69*** (0.25)	−0.06 (0.10)	0.05 (0.27)	0.000 3 (0.09)	−0.28 (0.26)
耕地面积	−0.000 2 (0.000 1)	−0.004 (0.01)	−0.000 4 (0.003)	−0.01*** (0.002)	0.000 02 (0.001)	0.01*** (0.003)	0.000 1 (0.004)	0.003*** (0.01)	−0.000 3 (0.000 2)	0.000 7 (0.000 7)
土壤质量	−0.03 (0.02)	−0.01 (0.09)	0.009 (0.09)	0.18* (0.09)	−0.001 (0.01)	−0.01 (0.09)	0.05 (0.05)	0.21** (0.10)	−0.044 (0.029)	−0.07 (0.09)

（续）

变量	环境友好型技术					增产型技术				
	模型 D_1	模型 D_2	模型 D_3	模型 D_4	模型 D_5	模型 D_6	模型 D_7	模型 D_8	模型 D_9	模型 D_{10}
	Heckman	选择方程	Heckman	选择方程	Heckman	选择方程	Heckman	选择方程	Heckman	选择方程
土地租入	−0.03 (0.03)	0.12 (0.15)	−0.06 (0.09)	−0.19 (0.16)	0.03** (0.03)	−0.11 (0.16)	−0.02 (0.07)	−0.19 (0.17)	−0.01 (0.04)	−0.009 (0.15)
自然灾害	0.01 (0.01)	0.01 (0.06)	0.01 (0.05)	−0.09 (0.06)	0.01 (0.01)	0.01 (0.06)	0.04 (0.04)	0.18*** (0.06)	−0.01 (0.02)	−0.08 (0.06)
赡养系数	−0.05* (0.03)	0.09 (0.15)	−0.05 (0.18)	−0.35** (0.16)	0.01 (0.03)	−0.13 (0.16)	−0.02** (0.07)	−0.18 (0.17)	−0.03 (0.05)	0.15 (0.15)
主观风险指数	−0.01 (0.02)	−0.02 (0.12)	−0.03 (0.06)	−0.11 (0.12)	−0.009** (0.02)	−0.02 (0.12)	−0.02** (0.06)	0.17 (0.13)	−0.08* (0.05)	−0.26** (0.12)
技术服务组织	0.01 (0.03)	0.16 (0.14)	0.04 (0.07)	0.12 (0.14)	0.02** (0.03)	0.26* (0.15)	−0.05 (0.06)	0.13 (0.15)	−0.08 (0.06)	−0.34** (0.15)
政策满意度	−0.001 (0.01)	−0.02 (0.07)	−0.02 (0.03)	0.05 (0.07)	−0.01 (0.01)	−0.08 (0.07)	0.03** (0.03)	0.12 (0.07)	0.05 (0.04)	0.23*** (0.07)
信息获取途径		0.08** (0.05)		0.02* (0.06)		−0.10* (0.06)		−0.14** (0.07)		0.18*** (0.06)
Lambda	0.04**	(0.21)	0.29**	(0.73)	0.10*	(0.05)	0.18**	(0.14)	0.38*	(0.29)

注：*、** 和 *** 分别表示通过了 10%、5%和 1%统计水平的显著性检验，括号内的数值为稳健标准误。

在选择模型中，受教育程度显著影响保护性耕作技术的选择决策；非农收入占比、耕地面积、土壤质量、赡养系数显著影响生物防治技术的选择决策；性别、年龄、主观风险指数、技术服务形式、政策满意度显著影响节水灌溉技术的选择决策；受教育程度、耕地面积、政策满意度显著影响配方施肥技术的选择决策；耕地规模对环境友好型技术的选择决策具有一定的影响，对增产型农业技术的选择强度具有一定的影响。如前文所述，耕地规模一定程度上决定了农户的务农收入，耕地规模的不同会影响农户是否选择环境友好型农业技术的决定，影响农户对增产型农业技术的选择强度。根据描述统计可知，耕地规模越大，农户对增产型农业技术的选择率越高，对环境友好型技术的选择率有所下降。非农收入占比对环境友好型农业技术的选择决策具有一定的影响，且非农收入占比越高机械化技术的选择率越高，生物防治技术的选择率越低。非农收入占比衡量了农户收入构成的比例，比例越高农户对农业生产的收入依赖越低，提高了农户的预算约束，农户对机械化技术这种需要资金但是省时、省工的技术选择积极性较高，但是对于生物防治技术，由于防治效果一般，农户会选择花钱购买农药。主观风险指数对增产型农业技术的选择决策有一定的影响，且风险偏好型农户对增产型农业技术的选择率较低。技术服务形式会对增产型农业技术和环境友好型农业技术的选择率有影响。政策满意度对增产型农业技术的选择率有影响，政策越满意，技术选择率越高。技术信息获取渠道数量显著影响技术的选择决策。

如表 5 - 6 所示，$E_1 \sim E_{10}$为普通农户的技术选择强度的影响因素分析，在第二步回归中，受教育程度、土壤质量、土地租入情况显著负向影响保护性耕作技术的选择强度，非农收入占比、赡养负担、技术服务形式显著正向影响保护性耕作技术的选择强度；性别、受教育程度、农业劳动力人数、非农收入占比显著负向影响生物防治技术的选择强度；年龄、受教育程度、技术服务形式显著正

表 5-6　普通农户技术选择强度影响因素分析结果：Heckman 两步法

变量	环境友好型技术				增产型技术					
	模型 E_1	模型 E_2	模型 E_3	模型 E_4	模型 E_5	模型 E_6	模型 E_7	模型 E_8	模型 E_9	模型 E_{10}
	Heckman	选择方程	Heckman	选择方程	Heckman	选择方程	Heckman	选择方程	Heckman	选择方程
性别	−0.03 (0.05)	0.18 (0.26)	−0.01** (0.13)	−0.41* (0.25)	−0.001 (0.05)	−0.34 (0.25)	−0.06 (0.14)	−0.29 (0.31)	−0.08 (0.19)	−1.12*** (0.37)
年龄	−0.02 (0.01)	−0.04 (0.08)	0.001 (0.03)	0.08 (0.08)	0.004** (0.01)	0.008 (0.08)	−0.04 (0.04)	−0.14 (0.08)	−0.07** (0.03)	−0.19** (0.08)
受教育程度	−0.02** (0.04)	−0.25*** (0.12)	−0.004* (0.05)	−0.17 (0.12)	0.003** (0.02)	0.16 (0.11)	0.06 (0.06)	0.15 (0.13)	−0.11** (0.04)	−0.08 (0.12)
农业劳动力	−0.002 (0.02)	0.01 (0.10)	−0.03*** (0.03)	−0.08 (0.09)	0.01 (0.01)	−0.04 (0.09)	0.009 (0.04)	−0.04 (0.09)	0.01 (0.03)	0.09 (0.09)
非农收入占比	0.03*** (0.05)	−0.11 (0.27)	−0.03** (0.21)	−0.71*** (0.27)	−0.02 (0.06)	−0.64** (0.27)	−0.07 (0.10)	−0.09 (0.30)	−0.07 (0.10)	−0.40 (0.29)
耕地面积	0.001 (0.002)	0.01 (0.01)	−0.009 (0.006)	−0.02*** (0.01)	0.000 1 (0.007)	0.03*** (0.007)	0.000 2 (0.002)	0.006* (0.004)	0.002 (0.001)	0.000 5 (0.004)
土壤质量	−0.002** (0.02)	−0.05* (0.10)	0.005 (0.06)	0.19* (0.11)	−0.02 (0.02)	−0.01 (0.10)	0.06 (0.07)	0.27** (0.12)	−0.03 (0.03)	−0.07 (0.11)

（续）

变量	环境友好型技术				增产型技术					
	模型 E_1	模型 E_2	模型 E_3	模型 E_4	模型 E_5	模型 E_6	模型 E_7	模型 E_8	模型 E_9	模型 E_{10}
	Heckman	选择方程	Heckman	选择方程	Heckman	选择方程	Heckman	选择方程	Heckman	选择方程
土地租入	−0.02***	−0.23	−0.05	−0.23	−0.05**	−0.10	0.05	−0.20	0.01	−0.003
	(0.05)	(0.18)	(0.08)	(0.18)	(0.03)	(0.18)	(0.08)	(0.20)	(0.05)	(0.18)
自然灾害	0.002	0.05	−0.02	−0.12*	0.01	0.07	0.02	0.15**	−0.002	−0.09
	(0.01)	(0.06)	(0.04)	(0.07)	(0.01)	(0.06)	(0.05)	(0.07)	(0.02)	(0.07)
赡养系数	0.05*	0.02*	−0.05	−0.36*	−0.02	−0.09	−0.04	−0.13	−0.08	0.23
	(0.03)	(0.18)	(0.11)	(0.19)	(0.03)	(0.17)	(0.07)	(0.19)	(0.05)	(0.18)
主观风险指数	0.01	−0.09	−0.04	−0.02	−0.004**	−0.18	0.02	0.20	−0.09**	−0.16
	(0.03)	(0.13)	(0.03)	(0.13)	(0.02)	(0.13)	(0.07)	(0.14)	(0.05)	(0.14)
技术服务组织	0.003***	0.22**	0.02	0.06	0.006**	0.25	−0.13**	−0.009	−0.12*	−0.35**
	(0.04)	(0.16)	(0.04)	(0.16)	(0.03)	(0.16)	(0.06)	(0.18)	(0.06)	(0.17)
政策满意度	−0.01	−0.07	−0.03	0.09	0.003	0.25	0.02	0.11	0.08*	0.26***
	(0.02)	(0.08)	(0.03)	(0.08)	(0.01)	(0.16)	(0.04)	(0.08)	(0.04)	(0.08)
信息获取途径		−0.07**		−0.04*		−0.07**		−0.13*		0.21***
		(0.06)		(0.06)		(0.07)		(0.08)		(0.07)
Lambda	−0.05*	(0.26)	0.08**	(0.45)	0.09*	(0.06)	0.38*	(0.29)	0.09*	(0.06)

注：*、** 和 *** 分别表示通过了10%、5%和1%统计水平的显著性检验，括号内的数值为稳健标准误。

向影响机械化技术的选择强度，土地租入、主观风险指数显著负向影响机械化技术的选择强度；年龄、受教育程度、主观风险指数、技术服务组形式显著负向影响节水灌溉技术，政策满意度显著正向影响节水灌溉技术的选择强度；技术服务形式显著影响配方施肥技术的选择强度。

在选择方程中，受教育程度、土壤质量负向影响保护性耕作技术的选择行为，赡养负担、技术服务形式显著正向影响保护性耕作技术的选择行为；男性被访者、非农收入占比越低、耕地面积越小、土壤质量越好、没有自然灾害、赡养负担越小，普通农户越倾向选择生物防治技术；非农收入占比越低、耕地面积越大，普通农户越倾向选择机械化技术；性别、年龄、技术服务形式显著负向影响节水灌溉技术的选择决策，政策满意度越高，农户越倾向选择节水灌溉技术；耕地面积越大、土壤质量越好、遭受自然灾害，普通农户越倾向选择配方施肥技术。识别变量信息获取途径在1%、5%、10%统计水平下均显著，但是作用方向不尽相同，信息获取途径多，会促进节水灌溉技术的选择决策，会阻碍生物防治技术、配方施肥技术和机械化技术的选择决策。λ显著，说明模型存在选择性偏误，因此用Heckman模型是合适的。

非农收入占比对普通农户的环境友好型技术的选择决策有一定的影响，且对机械化和生物防治的影响均为负向的，普通农户耕地规模较小，即使非农收入占比增加，农户对机械化技术的选择率也不会提高，农户生物防治技术效果的评价普遍不好。

耕地面积影响普通农户的对环境友好型技术的选择决策，耕地面积越大对机械化技术的选择率越高，对生物防治技术的选择率越低，耕地面积决定了是否可以应用机械化生产，因此耕地面积对其影响较大。土壤质量对普通农户环境友好型技术的选择决策有一定的影响，土地对于农民的作用远远不止于有价格的另一种生产要素，也是农户抵御生活风险的长久保证，因此农户有很深的惜地情结，土壤质量的好坏会直接影响其对环境保护型技术的选择与否。自然风险会对技术选择决策带来影响，遭受自然风险的普通农户，会考虑通过技术的使用增加产出从而抵御自然风险。技术服务形式会对技术选择决策带来一定的影响，普通农户更加倾向现场指导的形式。

如表5-7所示，模型F_1～F_{10}为大户样本技术选择强度的影响因素分析，第二步回归中，受教育程度、赡养系数、主观风险指数、政策满意度显著影响保护性耕作技术的选择强度；性别、受教育程度、农业劳动力人数、非农收入占比、政策满意度显著影响大户样本对生物防治技术的选择强度；年龄、土壤质量、赡养系数、技术服务形式显著影响机械化技术的选择强度；性别、受教育程度、主观风险指数显著影响大户样本对节水灌溉技术的选择强度；年龄、赡养系数、主观风险指数显著影响配方施肥技术选择强度。

选择方程中，受教育程度、土地租入、主观风险指数显著正向影响，自然灾害显著负向影响大户样本保护性耕作技术的选择决策；非农收入占比、土壤质量、技术服务形式显著正向影响，耕地面积、赡养系数显著负向影响大户样本对生物防治技术的选择决策；耕地面积越大、非农收入占比越小，大户样本越倾向选择机械化技术；性别显著正向影响，自然灾害、主观风险指数、技术服务形式显著负向影响大户对节水灌溉技术的选择决策；受教育程度、耕地面积、自然灾害、技术服务形式、政策满意度显著正向影响大户样本对配方施肥技术的选择决策。

非农收入占比会负向影响大户对环境友好型技术的选择决策，大户的耕地规模大，收入会相对较高，非农收入占比的增加，会使大户对农业生产的依赖越来越小，因此会降低大户对农业技术的应用，尤其是以环境保护为主，短期内不会带来较大产出增长的技术。耕地面积对技术的选择决策有一定的影响，耕地面积越大，对机械化技术的应用程度越高，对生物防治技术的应用程度越低，且

表 5-7 大户技术选择强度影响因素分析结果：Heckman 两步法

变量	环境友好型技术				增产型技术					
	模型 F_1	模型 F_2	模型 F_3	模型 F_4	模型 F_5	模型 F_6	模型 F_7	模型 F_8	模型 F_9	模型 F_{10}
	Heckman	选择方程	Heckman	选择方程	Heckman	选择方程	Heckman	选择方程	Heckman	选择方程
性别	0.29 (0.45)	0.41 (0.63)	−0.03** (1.26)	−0.24 (0.95)	−0.02 (0.08)	0.32 (0.003)	−0.09 (0.13)	−0.42 (0.73)	0.22* (0.37)	0.16* (0.60)
年龄	−0.04 (0.12)	0.04 (0.18)	−0.18 (0.26)	0.20 (0.23)	0.02* (0.02)	−0.07 (0.23)	0.02** (0.06)	0.34 (0.22)	−0.08 (0.09)	−0.16 (0.18)
受教育程度	0.05** (0.24)	0.24** (0.32)	0.30* (0.42)	0.29 (0.42)	0.02 (0.04)	0.68 (0.58)	0.01 (0.16)	0.69* (0.38)	0.15* (0.12)	0.23 (0.31)
农业劳动力	−0.31 (0.29)	−0.42 (0.17)	−0.29*** (0.36)	0.17 (0.18)	0.01 (0.02)	−0.29 (0.21)	0.03 (0.04)	0.15 (0.16)	0.01 (0.06)	−0.11 (0.14)
非农收入占比	−0.69 (0.77)	−0.93 (0.74)	−1.02** (0.15)	−0.22*** (0.85)	−0.06 (0.10)	−0.36*** (0.98)	0.21 (0.19)	0.92 (0.82)	0.18 (0.30)	−0.008 (0.71)
耕地面积	0.000 2 (0.008)	0.000 9 (0.008)	−0.002 (0.006)	−0.008** (0.004)	0.054 (0.001)	0.02*** (0.008)	0.000 2 (0.002)	0.004** (0.002)	−0.048 (0.004)	0.001 (0.009)
土壤质量	−0.19 (0.18)	−0.31 (0.21)	−0.23 (0.24)	0.25* (0.27)	0.05** (0.03)	−0.05 (0.29)	0.008 (0.04)	0.04 (0.23)	−0.07 (0.01)	−0.23 (0.22)

（续）

变量	环境友好型技术				增产型技术					
	模型 F_1	模型 F_2	模型 F_3	模型 F_4	模型 F_5	模型 F_6	模型 F_7	模型 F_8	模型 F_9	模型 F_{10}
	Heckman	选择方程	Heckman	选择方程	Heckman	选择方程	Heckman	选择方程	Heckman	选择方程
土地租入	0.07	0.08**	−0.33	0.21	0.003	−0.21	−0.13	−0.002	0.11	0.18
	(0.21)	(0.34)	(0.72)	(0.41)	(0.04)	(0.41)	(0.09)	(0.44)	(0.13)	(0.33)
自然灾害	−0.03	−0.01***	0.05	0.05	0.01	0.21	0.04	0.31**	−0.03	−0.05**
	(0.08)	(0.12)	(0.18)	(0.15)	(0.02)	(0.18)	(0.06)	(0.15)	(0.05)	(0.12)
赡养系数	−0.12*	−0.28	−0.47	−0.09**	0.07*	0.007	0.19**	0.07	0.12	0.06
	(0.24)	(0.34)	(0.58)	(0.42)	(0.04)	(0.41)	(0.09)	(0.42)	(0.12)	(0.32)
主观风险指数	0.07**	0.19*	0.25	−0.48	−0.04	0.24	−0.04**	−0.28	−0.08*	−0.31**
	(0.18)	(0.26)	(0.72)	(0.29)	(0.04)	(0.29)	(0.09)	(0.35)	(0.12)	(0.26)
技术服务组织	0.07	0.14	0.03	0.65*	0.02**	0.21	0.07	0.82**	−0.04	−0.52**
	(0.23)	(0.33)	(0.65)	(0.39)	(0.04)	(0.45)	(0.15)	(0.39)	(0.20)	(0.34)
政策满意度	0.11*	0.21	0.19*	0.22	−0.03	−0.01	0.009	0.51**	0.04	0.21
	(0.16)	(0.16)	(0.35)	(0.19)	(0.02)	(0.22)	(0.06)	(0.25)	(0.09)	(0.17)
信息获取途径		0.15**		0.09*		−0.11*		−0.22**		0.18***
		(0.13)		(0.15)		(0.19)		(0.18)		(0.13)
Lambda	0.74**	(0.01)	0.51**	(0.89)	0.07*	(0.07)	0.09*	(0.2)	0.38**	(0.41)

注：*、** 和 *** 分别表示通过了 10%、5%和 1%统计水平的显著性检验，括号内的数值为稳健标准误。

可以提高应用增产型技术的程度。主观风险指数影响大户的技术选择决策，风险偏好型农户对环境保护型技术的选择程度较高，对增产型技术的选择程度较低。

5.4　本章小结

本章利用辽宁省510个农户实地调研数据，选择泊松模型以及Logistic模型分析不同经营规模农户对玉米生产关键技术的选择行为决策。调查结果表明调查区域农户对机械化技术的选择率最高，为63.14%，保护性耕作技术的选择率次之为51.57%，其次是节水灌溉技术和生物防治技术，分别为34.90%和31.96%，配方施肥技术的选择率最低为27.06%。实证研究发现，从技术选择强度的影响因素看，耕地面积显著正向影响不同经营规模农户的技术选择数量的决策，说明在农户技术“自主选择”的情况下，家庭耕地面积对农户技术选择数量的决策具有重要的作用。同时农户个体特征、土地资源特征、风险和政策环境特征均会对农户的技术选择数量的决策产生影响。具体来说，当被访农户为男性，受教育程度越高，对促进全部样本和普通农户的技术选择数量的决策具有积极的正向作用；没有租入土地，对促进大户的技术选择数量的决策具有积极影响；主观风险指数抑制了大户技术选择数量的决策；技术服务形式对促进全部农户和大户的技术选择数量的决策具有积极作用，因此大户对发放材料式的技术服务形式具有更高的偏好；政策满意度对促进全部农户和普通农户的技术选择数量的决策具有积极影响。

从技术选择强度的分析结果得出如下结论：

第一，技术信息获取渠道显著影响不同经营规模农户对不同经营规模技术的选择决策。

第二，非农收入占比对不同经营规模农户环境友好型农业技术的选择均有影响，且非农收入占比的增加会降低普通农户和大户对机械化技术的使用。耕地面积影响全部样本和普通农户对环境保护型技术的选择决策，影响大户对两类技术的选择决策。土壤质量和土地租入情况影响普通农户的技术选择决策；风险偏好影响全部样本农户和大户对增产型技术选择决策，风险偏好型农户对增产型技术的选择程度较低。技术服务形式会对全部样本和普通农户的技术选择带来影响，且更加倾向现场指导型的技术服务。

第三，不同经营规模农户是否选择某一种子技术考虑的因素：普通农户、土壤质量不好、赡养系数高、技术指导以发放材料的形式会促进其对保护性耕作技术的选择；非农收入占比低、耕地面积小、土壤质量好、遭受自然灾害、赡养压力小会促进其对生物防治技术的选择；技术服务以现场指导形式、对政策满意会促进对节水灌溉技术的选择；耕地面积大、土壤质量好、遭受自然灾害会促进对配方施肥技术的选择；非农收入占比小、耕地面积大会促进对机械化技术的选择。

规模农户、受教育程度高、在自己的土地上且没有遭受自然灾害、风险偏好型会促进对保护性耕作技术的选择；非农收入占比低、耕地面积小、土壤质量好、赡养负担小、技术服务是发放材料的形式会促进对生物防治技术的选择；女性、没遭受自然灾害、风险规避型、技术服务是现场指导会促进对节水灌溉技术的选择；受教育程度高、耕地面积大、遭受自然灾害、技术服务形式是发放材料、对政策满意会促进对配方施肥技术的选择；非农收入占比低、耕地面积大会促进其对机械化技术的选择。

第六章　不同经营规模农户玉米生产关键技术选择意愿与行为差异研究

农户对技术的选择意愿从经济学的角度可以看成是农户对技术产品的需求，对技术的选择行为可以看成是对技术产品的购买消费，由于收入约束，产品价格以及学习成本等的约束，使得农户对技术产品的需求和消费之间存在差异，即并不是所有需求都可以转化为实际的消费，亦即农户对技术的选择意愿与选择行为出现不一致的情景，意愿转化行为效率低和脱离了意愿的被动选择行为。意愿和行为的不一致会带来很多问题，阻碍技术推广，农户无法获得自身非常需要的技术或者被动使用效率较低的技术，加剧了技术推广市场的不可持续性。本章的主要内容是探究不同经营规模农户对玉米生产关键技术选择意愿与选择行为不一致的机理与表现，实证检验不同经营规模农户技术选择意愿与选择行为的不一致，分析影响意愿转化行为的约束条件。

6.1　理论探究：农户意愿与技术选择行为不一致

6.1.1　农户意愿与技术选择行为一致的理论前提

意愿受到行为目标的影响，而行为是决策主体根据其目标在意愿的指导下进行的活动，意愿目标通过意愿指导行为的过程而得以实现。农业生产过程中，农户根据资源禀赋和自身能力相协调进行生产决策，进而实现家庭的总体目标，即实现家庭效用最大化和资源配置的“帕累托最优”。农户出于理性经济人假说前提，会在一定的环境和资源约束下，尽可能地进行行为选择以实现其经济目标，但是目标是否能够实现，除了和农户的目标是否合理有关外，还和行为的实施过程有关系。农户意愿转化为行为考虑的主要因素是经济利益，是否具有自主选择的权利以及信息。农户的行为转化还受到一系列内部和外部因素的影响，内部因素是农户的资源禀赋，包括土地、资金和劳动力等，外部因素包括农产品市场、政策、自然环境等。

农户做出合理的行为决策并使实际行为的发生，行为的自主性以及行为产生的成本和收益是关键考虑的因素。不合理的政策制度是农户行为脱离自主性的原则，不完善的监管体制降低了农户行为的安全性，不健全的信息服务导致农户由于信息掌握的不全面会造成一定的资源浪费，以上的情况均会使农户的行为无法顺利执行，或者行为发生后的效果偏离最初的意愿目标，使得意愿与行为有差异。农户家庭经济目标的实现关键在于从影响农户技术选择行为的众多因素中，根据外界环境的变化不断调整并屏蔽干扰从而实现行为转化的过程。农户技术选择行为追求平均单产的提升，健全社会保障机制和监管机制会提升农户获取外界信息的能力并指导其进行农业生产决策行为，并根据自身利益目标进行自身的调整来适应社会经济的发展和变化。在技术供给市场中，农户的行为决策与健全的市场运行机制是农户行为目标实现的内在约束条件，政策和公共服务是行为目标得以实现的外部约束条件，且外部约束条件通过内部约束条件来影响农户目标的实现。

如图 6－1 所示，政策制度从结构上影响农户技术选择决策与农业技术市场的有效运行，并通过公共服务从信息上不断调节农户行为决策与农业技术市场的运行，通过内部和外部的调节，达到农户家庭的效用最大化目标和资源配置的“帕累托最优”，从而实现农户的行为结果与意愿目标相一致（徐冬梅，高岚，2017）。

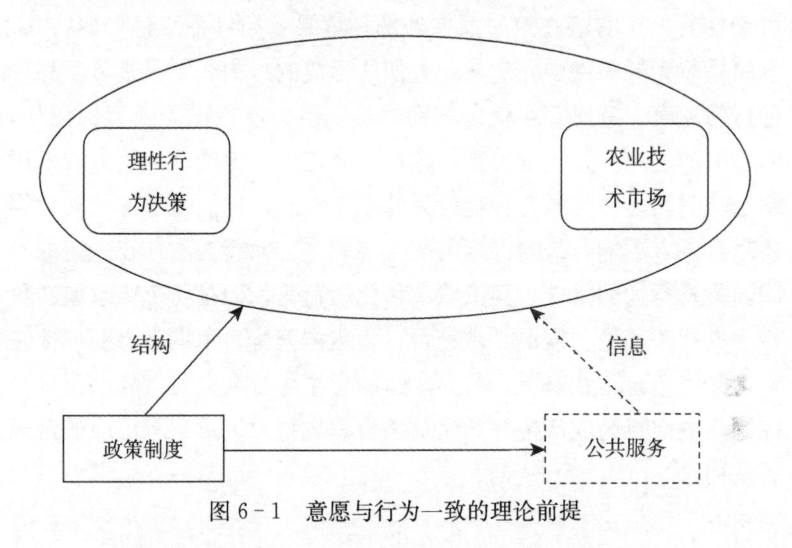

图 6-1　意愿与行为一致的理论前提

6.1.2　农户意愿与技术选择行为不一致的理论前提

（1）意愿与行为关系视角下的行为路径

由图 6-2 可以看出意愿转化为行为的过程中存在两个关键性因素，其一是意愿的内在驱动因素，是行为主体根据自身禀赋等可以对其行为产生影响的因素进行自我调节而实现的行为转化过程，这个过程的关键在于怎样强化意愿使内在驱动因素有效作用于行为主体。在经济学中，人都是追求利润最大化的，可以认为利益或效用是内在驱动因素的根本来源。其二是行为的外部环境，行为产生的外部环境的改善在于使有意愿的行为主体可以在冲动、本能、习惯等情况下产生自发的行为。

只有当意愿和行为实施表现出高度的一致性时，意愿才应该是一个良好的行为预测指标。个体根据预期的情况改变某些行为模式，意愿和行为同需要、偏好、动机、意识和态度等因素之间是有差距的。意愿是一种行为意图，有目的性，且有一定潜在的计划，能在一定环境下执行行为实现意愿目标。其他因素可以产生意愿也可能使其处于有潜在意愿而在外部环境具备条件下直接形成行为。意愿是行为的关键中介变量，人们所形成的行为意愿只是针对那一种行为而言，意愿其实就是其动机、期望、潜意识等因素的强化，而意愿的进一步强化则需要持续性、稳定性和保障性的利益或效用刺激。时间是作为意愿转化行为的重要因素，但同时意愿的转化需要来自各方影响行为的因素的配合与调整，而行为主体在一定的时间内具备行为的条件，其依然会转化为行为。但是，个体意愿转化行为的相关理论和假设必须符合行为主体完全自由状态下的理性决策，非完全自由状态下，行为主体的意愿与行为会受到外部干扰与控制，进而行为的产生并非完全来自其自我意识形态下形成的意愿转化而来。

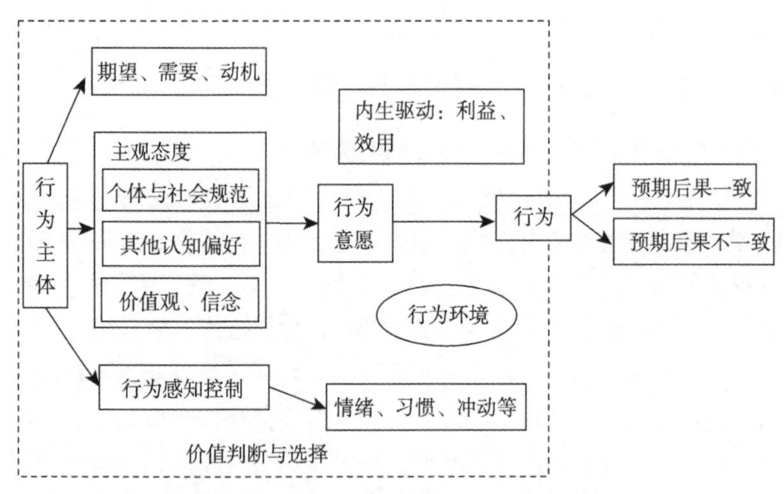

图 6-2　意愿与行为之间的内在逻辑关系

农户技术选择的意愿来源于对经济目标的追求，提高农业生产效率以获得更高的效用满足，或者解决当前家庭资源要素禀赋与农业技术市场供给不匹配的现实矛盾。农户的技术选择意愿受到外部环境因素（技术成本、资源、信息、政策服务等）和家庭土地禀赋特征因素（耕地面积、细碎化、土壤质量等）多方面的影响，农户可能需要时间将这些重要的影响因素进行综合衡量从而实现均衡博弈，才会使意愿有效转化为技术选择行为。因此，农业意愿目标的不稳定性、非理性以及农户自身所在的社会经济环境不适应等情况均会使行为选择终止或者意愿转化行为的比例较低。

（2）市场机制运行视角下的行为表现

在经济学中如研究消费者的情况时，通常也假定技术具有某种特性，第一，经济学上通常假定技术具有单调性，即如果增加至少一种投入的数量，那么就能生产出至少与原先数量相同的产量。如果技术供给者能够不费成本地处置任何投入，那么多余的投入就不会产生损失，因此又把这种单调性称作自由处置的特性。第二，假设技术产品是“凸”的，这意味着如果存在两种技术投入组合（x_1，x_2）和（z_1，z_2）能够生产出 y 单位的产量，那么，加权平均值能生产出至少 y 单位的产量。

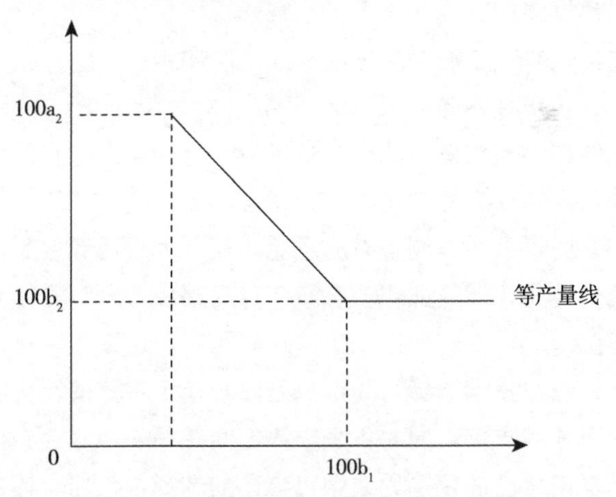

图 6－3　技术产品的特性

如图 6－3 显示的，通过选择每一种投入的使用量，可以用各种不同的方法生产既定数量的产出，在这种技术条件下，可以很容易按比例扩大或缩小生产规模，并且，每个分离的生产过程之间互不干扰，因此技术的凸性是一个非常合乎逻辑的假定。

基于以上对与技术产品特性的假定，农户对农业新技术的选择行为，可以理解为农户对技术这种特殊商品的消费行为，技术选择意愿反映了农户的需求情况，而技术选择行为反映了农户的实际消费情况。消费理论的一个重要发展是把家庭视为生产者的模型，把各种商品和闲暇通过家庭生产函数结合起来，目的是生产有限几种被当做消费者选择的真实目标的基本物品，他们的消费数量受到家庭生产时间、工资率和市场商品价格的限制。消费者行为简单来说是人们选择他们能负担起的最好的东西（Varian，2006）。农户根据自身的禀赋特征确定家庭目标，一是在满足要素与资源禀赋匹配的基础上，合理配置要素；二是在既定要素约束下通过外力（市场或与他人合作），来实现资源配置的“帕累托最优”。由于家庭资源禀赋的限制，会使消费不足以满足最初的需求偏好，即行为偏离了最初的选择意愿。

因此，在研究中需要梳理以下几个问题：

第一，农户技术选择行为不仅是自由市场下的“自选择”行为，也是外部路径约束下的“非自选择”行为，存在自发理性的意愿、条件意愿和行为控制三种行为状态。

第二，由于意愿是调查时的意愿，而行为是已经发生的，期间意愿会发生变化，即使证明了意愿与行为存在差距，其结果的解释也不科学。

第三，农户技术选择行为不只是农户单个主体的行为决策，需要政府的引导与支持，同时各个主体之间并不是孤立存在的，每个行为主体根据自己的预算约束做出自己的选择，任何个体的可得机会严重依赖于其他人的行为。意愿与行为不一致在分析时，不能以意愿“有无”和行为“无有”两种状态的交叉来反映，有意愿无行为是理性行为个体的意愿未得到转化，可能是经济因素和时间因素的限制，无意愿有行为，则是来自外部力量的干扰和控制，不符合理性行为个体的决策假设，并且针对玉米生产的每个关键技术，农户无意愿有行为的样本数量较少，不具有代表性，因此本书将意愿与行为不一致的样本确定在有意愿无行为的范围之内。

如何研究意愿与行为不一致，借鉴相关的文献研究，这里选取客观因素，并假定同种经营规模农户的行为具有同质性，就可以对意愿与行为的不一致进行研究。

6.2　统计分析：技术选择意愿与行为的不一致

本节的研究内容是分析技术选择意愿与行为的不一致，包括对技术选择意愿与行为存在差异以及意愿未转化成行为的原因统计。本节描述技术选择意愿与行为是否一致，考虑到总体样本的代表性，笔者只选择全部样本进行验证，并未对分类样本进行分析。

6.2.1　技术选择意愿与选择行为存在差异

农户已经选择技术称为“有行为”样本，其中保护性耕作技术有行为的样本总计 286 户，占比 56.08%，农户自发进行技术选择称为“有意愿有行为”样本，属于主动选择，总计 237 户，占全部样本 46.47%，占选择保护性耕作技术样本的 82.87%，被动进行技术选择（包括上级安排、政策引导、被迫接受）称为“无意愿被行为”样本，总计 49 户，占全部样本 9.61%，占选择保护性耕作技术样本的 17.13%；没有选择保护性耕作技术的样本总计 224 户，占全部样本的 43.92%，其中表示无意愿选择且没有选择技术的样本数为 90 户，占全部样本的 17.65%，占未选择保护性耕作技术的样本 40.18%，表示有意愿选择但是没有选择的样本数为 134 户，占全部样本的 26.27%，占未选择保护性耕作技术的样本 59.82%（表 6-1）。

同样针对生物防治技术，有行为样本数为179户，占比35.09%，其中主动选择的样本数为145户，占全部样本的28.43%，占选择生物防治技术的样本81.01%，被动选择的样本数为34户，占全部样本的9.61%，占选择生物防治技术的样本18.99%；未选择生物防治技术的样本数为331户，占比64.91%，其中无意愿无行为的样本数为113户，占全部样本的22.16%，占未选择生物防治技术的样本34.14%，有意愿无行为的样本数为218户，占全部样本的42.75%，占无生物防治技术行为样本的65.86%。

对于节水灌溉技术，有行为的样本数为186户，占比36.47%，其中主动选择的样本数为163户，占全部样本的31.96%，占选择了节水灌溉技术的样本农户的81.01%，被动选择的样本数为34户，占全部样本的6.67%，占节水灌溉技术有行为的样本农户的18.99%；节水灌溉技术无行为的样本数为324户，占比63.53%，其中无意愿无行为的样本数为59户，占全部样本的11.57%，占未选择节水灌溉技术农户的18.21%，有意愿无行为的样本数为265户，占全部样本的51.96%，占未选择节水灌溉技术的农户的81.79%。

表6-1 全部农户技术选择意愿与选择行为的基本情况统计

类别	样本数（人）	占总样本比例（%）	占分类别的比例（%）
总样本	510	100	
有选择行为的样本			
其中：保护性耕作技术	286	56.08	
自主选择（有意愿有行为）	237	46.47	82.87
被动选择（无意愿有行为）	49	9.61	17.13
其中：生物防治技术	179	35.09	
自主选择（有意愿有行为）	145	28.43	81.01

（续）

类　别	样本数（人）	占总样本比例（%）	占分类别的比例（%）
被动选择（无意愿有行为）	34	6.67	18.99
其中：节水灌溉技术	186	36.47	
自主选择（有意愿有行为）	163	31.96	87.63
被动选择（无意愿有行为）	23	4.51	12.37
其中：配方施肥技术	158	30.98	
自主选择（有意愿有行为）	136	26.67	86.08
被动选择（无意愿有行为）	22	4.31	13.92
其中：机械化技术	318	62.35	
自主选择（有意愿有行为）	284	55.68	89.31
被动选择（无意愿有行为）	34	6.67	10.69
未发生选择行为样本			
其中：保护性耕作技术	224	43.92	
无意愿选择（无意愿无行为）	90	17.65	40.18
有意愿选择（有意愿无行为）	134	26.27	59.82
其中：生物防治技术	331	64.91	
无意愿选择（无意愿无行为）	113	22.16	34.14
有意愿选择（有意愿无行为）	218	42.75	65.86
其中：节水灌溉技术	324	63.53	
无意愿选择（无意愿无行为）	59	11.57	18.21
有意愿选择（有意愿无行为）	265	51.96	81.79
其中：配方施肥技术	352	69.02	
无意愿选择（无意愿无行为）	91	17.84	25.85
有意愿选择（有意愿无行为）	261	51.18	74.15
其中：机械化技术	192	37.64	
无意愿选择（无意愿无行为）	57	11.18	29.69
有意愿选择（有意愿无行为）	135	26.47	70.31

数据来源：农户调查数据整理所得。

对于配方施肥技术，有行为的样本数为 158 户，占比

36.47%，其中主动选择的样本数为 136 户，占全部样本的 26.67%，占选择技术农户的 86.08%，被动选择的样本数为 22 户，占全部样本的 4.31%，占选择技术的农户的 13.92%；无行为的样本数为 352 户，占比 69.02%，其中无意愿无行为的样本数 91 户，占全部样本的 17.84%，占未选择技术农户的 25.85%，有意愿无行为的样本数为 261，占全部样本的 51.18%，占未选择技术农户的 74.15%。

对于机械化技术，有行为的样本数为 318 户，占比 62.35%，其中主动选择的样本数为 284 户，占全部样本的 55.68%，占选择技术的农户的 89.31%，被动选择的样本数为 34 户，占全部样本的 6.67%，占选择技术的农户的 10.69%；无行为的样本数为 192 户，占比 37.64%，其中无意愿无行为的样本数为 57 户，占全部样本的 11.18%，占未选择技术的农户的 29.69%，有意愿无行为的样本数为 135 户，占全部样本的 26.47%，占未选择技术的农户的 70.31%。

结合表 6-1 统计数据可知，农户对生物防治技术、节水灌溉技术和配方施肥技术的选择意愿较高，分别占全部样本的 42.75%、51.96%和 51.18%，实际在自由市场实现自主选择行为的比例较低，分别占全部样本的 28.43%、31.96%和 30.98%，说明农户对生物防治技术、节水灌溉技术和配方施肥技术的选择行为的潜力较大。而农户对保护性耕作技术和机械化技术的选择意愿分别占全部样本的 26.27%和 26.47%，低于自主选择行为的比例，分别为 46.47%和 55.68%，说明这两种技术调查区域推广的效果较好，农户倾向自主进行选择。

表 6-2 反映的是不同经营规模农户的技术选择意愿与行为的基本情况，从表中数据可以得出如下结论：第一，普通农户对生物防治技术、节水灌溉技术和配方施肥技术的选择意愿较高，对各个技术的有选择意愿的样本数量分别为 152 户、204 户、131 户，分

别占全部样本的29.80%，40.00%和25.69%，高于农户在自由技术市场的自主选择的比例，分别为22.16%，19.02%和16.08%，说明普通农户样本对这三种技术的选择行为的潜力较大。普通农户对保护性耕作技术和机械化技术的具有选择意愿的样本数分别占全部样本的19.02%，23.53%，低于自主选择行为的比例，分别为31.76%，33.53%。第二，大户样本对生物防治技术和配方施肥技术的选择意愿较高，分别占全部样本数量的12.94%和11.37%，高于农户在自由技术市场的自主选择的比例，分别为5.69%、10.59%，说明大户对生物防治技术和配方施肥技术具有较高的使用意愿，对技术的使用率不高，可能的原因是由于追求经济目标，或者耕地规模的限制。大户对保护性耕作技术、节水灌溉技术和机械化技术的选择率较高，分别占全部样本的14.71%、12.94%、22.16%，高于其对技术的选择意愿。

表6-2　不同经营规模农户技术选择意愿与行为的基本情况统计

类　别	普通农户			大户		
	样本数（人）	占总样本比例（%）	占分类别的比例（%）	样本数（人）	占总样本比例（%）	占分类别的比例（%）
总样本	358	70.20		152	29.80	
有选择行为的样本						
其中：保护性耕作技术	197	38.63		89	17.45	
自主选择（有意愿有行为）	162	31.76	82.23	75	14.71	84.27
被动选择（无意愿有行为）	35	6.27	17.77	14	2.75	15.73
其中：生物防治技术	142	27.84		37	7.25	
自主选择	113	22.16	79.58	29	5.69	78.38
被动选择	29	5.69	20.42	8	1.57	21.62
其中：节水灌溉技术	112	21.96		74	14.51	
自主选择	97	19.02	86.61	66	12.94	89.19

（续）

类　　别	普通农户			大户		
	样本数（人）	占总样本比例（%）	占分类别的比例（%）	样本数（人）	占总样本比例（%）	占分类别的比例（%）
被动选择	15	2.94	13.39	8	1.57	10.81
其中：配方施肥技术	97	19.02		61	11.96	
自主选择	82	16.08	84.54	54	10.59	88.852
被动选择	15	2.94	15.46	7	1.37	11.48
其中：机械化技术	189	37.06		129	25.29	
自主选择	171	33.53	90.48	113	22.16	87.59
被动选择	18	3.53	9.52	16	3.14	12.40
未发生选择行为						
其中：保护性耕作技术	161	31.57		63	12.35	
无意愿选择	64	12.55	39.75	26	5.09	41.27
有意愿选择	97	19.02	60.25	37	7.25	58.73
其中：生物防治技术	216	42.35		115	22.55	
无意愿选择	64	12.55	29.63	49	9.61	42.61
有意愿选择	152	29.80	70.37	66	12.94	57.39
其中：节水灌溉技术	246	48.24		78	15.29	
无意愿选择	42	8.24	17.07	17	3.33	21.79
有意愿选择	204	40.00	82.93	61	11.96	78.21
其中：配方施肥技术	261	51.18		91	17.84	
无意愿选择	130	25.49	49.81	33	6.47	36.26
有意愿选择	131	25.69	50.19	58	11.37	63.74
其中：机械化技术	169	33.14		23	4.51	
无意愿选择	49	9.61	28.99	8	1.57	34.78
有意愿选择	120	23.53	71.01	15	2.94	65.22

数据来源：农户调查数据整理所得。

6.2.2　技术选择意愿与行为不一致的原因统计

表6-3是全部样本农户技术选择意愿未转化为行为的原因统计，农户的意愿能否转化为行为，除受到市场和制度等外部因素的制约，还会受到农户自身禀赋的约束，即不同的农户禀赋表现出的行为意向会有所差别。表中反映出，农户对农业新技术的选择意愿未转化为行为的原因主要集中在农户禀赋、技术特征控制和土地资源约束上。样本农户对保护性耕作技术的选择意愿未转化行为的主要原因在于无政府推广、效率低和从众心理；农户对生物防治技术的选择意愿未转化行为的主要原因在于效率低、收入限制和从众心理；农户对节灌溉技术的选择意愿未转化行为的主要原因在于成本过高、无合适对象；农户对配方施肥技术的选择意愿未转化行为的主要原因在于从众心理和无合适对象；农户对机械化技术的选择意愿未转化行为的主要原因在于成本过高、效率低。由此，技术产品的可得性、技术成本、效率高低、邻居的行为决策、政府的政策推广都会对购买行为产生影响。

表6-3　全部农户技术选择意愿未转化行为的原因统计

	具体分类	保护性耕作（%）	生物防治（%）	节水灌溉（%）	配方施肥（%）	机械化（%）
农户禀赋依赖	惜地情节	16.42				
	收入限制	11.19	22.48	1.88	6.13	19.26
	从众心理	20.15	20.18	10.19	24.90	15.56
技术特征限制	无政府推广	26.87	16.97	20.00	16.09	8.15
	成本过高		6.88	23.39	18.77	32.59
	无合适对象	1.49	3.21	30.19	21.46	
	效率低	23.13	30.28		3.46	24.44
土地资源	耕地少，细碎，土壤质量差	0.75		14.35	9.19	

数据来源：农户调查数据整理所得。

表6-4为普通农户技术选择意愿未转化行为的原因统计，普通农户由于家庭经营土地面积较小，且细碎化较高，经济基础较薄弱，因此阻碍了其对节水灌溉技术、配方施肥技术和机械化技术的选择。

表6-4　普通农户技术选择意愿未转化行为的原因统计

	具体分类	保护性耕作（%）	生物防治（%）	节水灌溉（%）	配方施肥（%）	机械化（%）
农户禀赋依赖	惜地情节	11.63	20.00			
	收入限制	11.63	21.43	4.59	13.25	
	从众心理	27.91	21.43	5.75	18.07	13.69
技术特征限制	无政府推广		14.29	17.24		20.55
	成本过高		22.85	29.89	19.28	39.73
	无合适对象	23.26		24.14	38.55	
	效率低	25.57			2.42	4.11
土地资源约束	耕地少，细碎，土壤质量差			18.39	8.43	21.92

数据来源：农户调查数据整理所得。

表6-5为大户技术选择意愿未转化为行为的原因统计，大户由于家庭经营的土地面积较大，且受教育程度较高，农户的从众心理相对较弱，从众心理对于技术选择行为的阻碍作用相对较弱，农户更多地关注技术产品的投入和产出，以及技术的环境保护作用。

表6-5　大户技术选择意愿未转化行为的原因统计

	具体分类	保护性耕作（%）	生物防治（%）	节水灌溉（%）	配方施肥（%）	机械化（%）
农户禀赋依赖	惜地情节	16.68	21.05	18.00	11.36	36.37
	收入限制	13.33	8.77	2.00	31.82	54.54
	从众心理			8.00		9.09

（续）

	具体分类	保护性耕作（%）	生物防治（%）	节水灌溉（%）	配方施肥（%）	机械化（%）
技术特征限制	无政府推广	3.33	8.77	24.00		
	成本过高	20.00	40.36	32.00	22.73	
	无合适对象	23.33		16.00	31.82	
	效率低	23.33	21.05		2.27	
土地资源约束	耕地少，细碎，土壤质量差					

数据来源：农户调查数据整理所得。

6.3　实证分析：农户意愿与技术选择行为存在差异

6.3.1　分析框架与研究假设

根据已有关于意愿与行为不一致的研究，发现意愿与行为不一致的主要原因是意愿未能成功转化为行为，即意愿与行为之间存在一定的差异，且造成这种差异并不完全是因为农户没有来得及将意愿转化为行为，即由于时间因素的限制，而是由于农户本身意愿目标的不稳定以及非理性造成的，即农户的意愿目标不能和当前的资源要素禀赋相适应，农户的意愿目标受个人习惯、他人的行为、认知、外界环境的影响较大，会受到这些要素的影响而发生改变。从以往的文献研究可知，农户的个体特征、家庭特征都会对技术选择意愿转化为行为产生影响，学者近来更加关注心理因素对意愿与行为差异的影响。

在讨论意愿转化行为的限制因素，分析农户意愿与选择行为不一致的原因时，不能忽略时间的影响，以及外部环境使意愿弱化而使意愿没有转化行为的情况。要实现实证分析意愿到行为的转化限制因素，提出假说如下：

假说1：农户行为具有同质性，均受到自身禀赋和外部环境的约束。

假说2：对某种技术具有相同意愿的农户应具有相同的资源禀赋。

假说3：若在没有外力干扰的情况下，即农户行为决策是处在自主决策的前提下，若农户对有意愿无行为和自主选择行为（有意愿有行为）的影响因素存在差异，这个因素即可能是限制农户意愿转化行为决策的因素。

假说4：行为是已经发生过的，现在的意愿无法解释过去的行为，因此在调查时是对农户进行行为选择之前的意愿情况，在实证分析时，选择近期不发生变化的变量作为意愿与行为转化的限制因素。

6.3.2 变量选取与模型设定

(1) 数据说明

本书分析意愿转化为行为的影响因素，主要是分析有意愿与有行为两种样本在各个变量上是否存在差异，即研究对“有意愿无行为”和“有意愿有行为”样本农户的影响因素的差异性分析。在本书的研究中，对保护性耕作技术“有意愿无行为”样本数为134户，“有意愿有行为”样本数为237户；对生物防治技术“有意愿无行为”样本数为218户，“有意愿有行为”样本数为145户；对节水灌溉技术“有意愿无行为”的样本数为265户，“有意愿有行为”的样本数为163户；对配方施肥技术“有意愿无行为”的样本数为261户，“有意愿有行为”的样本数为134户；对机械化技术“有意愿无行为”的样本数为135户，“有意愿有行为”的样本数为284户。

普通农户中对保护性耕作技术“有意愿无行为”样本数为97户，“有意愿有行为”样本数为162户；对生物防治技术“有意愿无行为”样本数为152户，“有意愿有行为”样本数为113户；对节水灌溉技术“有意愿无行为”的样本数为204户，“有意愿有行为”的样本数为97户；对配方施肥技术“有意愿无行为”的样本数为131户，“有意愿有行为”的样本数为82户；对机械化技术“有意愿无行为”的样本数为120户，“有意愿有行为”的样本数为171户。

大户中对保护性耕作技术“有意愿无行为”样本数为37户，“有意愿有行为”样本数为75户；对生物防治技术“有意愿无行为”样本数为66户，“有意愿有行为”样本数为29户；对节水灌溉技术“有意愿无行为”的样本数为61户，“有意愿有行为”的样本数为66户；对配方施肥技术“有意愿无行为”的样本数为58户，“有意愿有行为”的样本数为54户；对机械化技术“有意愿无行为”的样本数为15户，“有意愿有行为”的样本数为113户。

(2) 变量选择

如表6-6，借鉴已有文献以及经济学的理论知识，以意愿转化行为的约束条件为视角，从个人特征、家庭特征、心理因素以及外部环境等方面选择变量。一是被访农户个人特征，如性别、年龄(反映务农经验以及劳动能力)、受教育程度（反映学习能力)、健康程度。二是家庭特征，农业劳动力数量、非农收入占比、经济情况。三是心理因素，包括从众心理（反映是否可以不受外界影响独立做出决策)、信任程度（反映外界对决策的作用程度)、对技术效果的预期（反映对技术的认知)。四是外部环境，水资源的充足情况（代表技术选择的条件)、土地细碎化、技术难易程度（反映技术的学习成本)。环境友好型技术包括保护性耕作技术、生物防治技术和机械化技术；增产型技术包括节水灌溉技术和配方施肥技术。

表 6-6 模型中变量定义与说明

变量	变量赋值	全部样本		普通农户		大户	
		均值	标准差	均值	标准差	均值	标准差
被访农户性别	男=1；女=2	1.13	0.34	1.13	0.34	1.13	0.33
被访农户年龄	1. 18～30 岁；2. 31～40 岁；3. 41～50 岁；4. 51～60 岁；5. 60 岁以上	3.54	1.03	3.66	1.04	3.34	0.98
受教育程度	1. 小学及以下；2. 初中；3. 高中；4. 大学及以上；5. 研究生及以上	1.81	0.67	1.77	0.71	1.89	0.59
健康程度	1. 非常差；2. 差；3. 一般；4. 好；5. 非常好	3.93	0.89	3.89	0.88	4.05	0.89
家庭人口数量	以家庭实际人口数量计算	2.22	1.02	2.10	0.91	2.52	1.19
非农收入占比	以非农收入占家庭总收入的比重计算	0.30	0.29	0.34	0.29	0.23	0.27
经济情况	1. 富裕户；2. 中等偏上；3. 中等；4. 中等偏下；5. 收入较少	3.12	0.93	3.22	0.88	2.89	0.97
耕地面积	农户实际耕种的土地面积	74.06	238.50	19.57	9.47	188.71	394.60
从众心理	邻居对生产决策的影响：1. 很小；2. 较小；3. 一般；4. 较大；5. 很大	2.74	1.33	2.83	1.29	2.54	1.39
信任程度	根据问卷问项综合得出	4.04	0.61	4.04	0.59	4.01	0.65

（续）

变量	变量赋值	全部样本		普通农户		大户	
		均值	标准差	均值	标准差	均值	标准差
保护性耕作预期	该技术可以提高农业收入吗：1. 完全不认同；2. 不太认同；3. 一般；4. 比较认同；5. 完全认同	3.33	1.33	3.21	1.31	3.54	1.35
生物防治预期		3.42	1.19	3.48	1.16	3.27	1.26
节水灌溉预期		3.78	1.25	3.72	1.24	3.89	1.27
配方施肥预期		3.57	1.17	3.60	1.18	3.49	1.15
机械化技预期		3.14	1.22	3.02	1.23	3.42	1.39
水资源	1. 非常差；2. 差；3. 一般；4. 好；5. 非常好	2.58	1.15	2.47	1.14	2.84	1.11
土地细碎化	1. 集中连片；2. 相距较近；3. 零星分布；4. 相距较远	2.51	0.92	2.53	0.90	2.48	0.93
保护性耕作难易程度	1. 很难；2. 有点难；3. 一般；4. 简单；5. 非常简单	3.25	0.83	3.26	0.85	3.19	0.77
生物防治		3.25	0.89	3.27	0.93	3.19	0.79
节水灌溉		2.88	105	2.85	1.03	2.93	1.09
配方施肥		2.69	0.93	2.69	0.92	2.64	0.93
机械化		3.69	1.04	3.72	1.05	3.64	1.03

注：信任程度主要通过受访对农户对以下 6 个测度问题描述的级别评分进行综合计算：我的亲人是值得信任的；我的朋友是值得信任的；我的邻居是值得信任的；我认为本村人是值得信任的；我认为村干部是值得信任的；我认为环保法规是值得信任的。

(3) 研究方法

探究“有意愿无行为”与“有意愿有行为”样本的差异，这两个事件是二分类变量，将有意愿无行为设置为 $Y=0$，将有意愿有行为设置为 $Y=1$，对于二分类变量，通常使用 Logistic 模型进行分析。

将约束技术选择意愿转化行为的因素设定以下函数形式：

$$y=F(x_1,x_2,x_3,\cdots,x_n)+\mu \tag{6-1}$$

具体的形式为：

$$P_i=f(\alpha+\beta_j X_{ij})=\ln\frac{p(Y=1)}{1-p(Y=0)} \tag{6-2}$$

式中，P_i 事件发生的概率；β_j 是自变量的回归系数；X_{ij} 是第 j 个影响因素，α 是截距项。

6.3.3 实证结果与分析

研究运用 Stata 13.0 软件进行分析，如表 6-7 模型 $A_1 \sim A_5$ 分别是全部样本农户对保护性耕作技术、生物防治技术、节水灌溉技术、配方施肥技术和机械化技术的选择意愿转化行为的限制因素分析；表 6-8 中模型 $B_1 \sim B_5$ 分别是普通农户对保护性耕作技术、生物防治技术、节水灌溉技术、配方施肥技术和机械化技术的选择意愿转化行为的限制因素分析；表 6-9 中模型 $C_1 \sim C_5$ 分别是大户对保护性耕作技术、生物防治技术、节水灌溉技术、配方施肥技术和机械化技术的选择意愿转化行为的限制因素分析。全部样本模型评价的相关指标值显示，各个模型的拟合效果较好。

表 6-7 显示，全部样本在对保护性耕作技术的选择意愿与行为的转化中，受教育程度在 1%的统计水平下表现出差异，说明被访农户的受教育程度对于全部样本保护性耕作技术的选择意愿转化为行为存在较强的影响。家庭经济情况在 10%的统计水平下表现出差异，说明家庭经济情况对全部样本保护性耕作技术的选择意愿

的转化可能存在微弱的影响，换句话说，家庭经济情况代表家庭对技术产品的购买能力，当家庭经济情况不好时，农户对复杂的轮作、间作、旋耕等栽培方式的意愿可能不会转化为行为。耕地面积在10%统计水平下表现出差异，说明耕地面积对全部样本农户保护性耕作技术的选择意愿转化有一定的影响，当耕地面积不足时，农户对技术的选择意愿可能不会转化为行为。从众心理在10%统计水平下表现出差异，说明农户的从众心理可能对全部样本农户保护性耕作技术的选择意愿的转化存在一定的影响，从众心理代表的是农户受到邻居和亲属影响的程度，在外部信息一定的前提下，农户通过信息的整合，以及周围成员的影响，对技术选择的意愿可能不会转化成行为。对技术效果的预期在1%统计水平下表现出差异，说明对技术效果的预期显著影响农户对保护性耕作技术的选择意愿转化为行为，换句话说，对于理性自主决策的单个农户选择农业新技术的前提之一是技术的边际收益大于边际成本，一旦农户预期技术不会带来净收入的提高，那可能就不会完成意愿到行为的转化。

表6-7　全部样本农户意愿与行为差异的影响因素分析结果

自变量	环境友好型技术		增产型技术		
	模型 A_1	模型 A_2	模型 A_3	模型 A_4	模型 A_5
性别（X_1）	−0.15 (0.37)	−0.26 (0.35)	−0.23 (0.37)	0.10 (0.35)	−0.58 (0.35)
年龄（X_2）	−0.05 (0.12)	0.01 (0.12)	0.17 (0.12)	−0.03 (0.12)	−0.26** (0.12)
受教育程度（X_3）	0.61*** (0.19)	−0.08 (0.17)	0.13 (0.19)	0.21 (0.16)	−0.05 (0.17)
健康程度（X_4）	0.13 (0.14)	−0.02 (0.12)	0.03 (0.15)	−0.18 (0.12)	0.05 (0.13)
家庭劳动力数量（X_5）	−0.16 (0.11)	0.004 (0.11)	0.27** (0.14)	0.30*** (0.11)	0.23** (0.12)

（续）

自变量	环境友好型技术		增产型技术		
	模型 A_1	模型 A_2	模型 A_3	模型 A_4	模型 A_5
非农业收入占比（X_6）	−0.59 (0.43)	0.78** (0.39)	−1.78*** (0.44)	−0.19 (0.39)	0.69* (0.41)
家庭经济情况（X_7）	−0.24* (0.13)	−0.04 (0.12)	−0.02 (0.13)	0.07 (0.12)	−0.03 (0.12)
耕地面积（X_8）	−0.001* (0.000 7)	0.000 2 (0.000 4)	0.03*** (0.006)	0.001** (0.007)	0.001 (0.009)
从众心理（X_9）	0.16* (0.09)	0.09 (0.09)	0.05 (0.09)	−0.02 (0.09)	0.005 (0.08)
信任程度（X_{10}）	−0.10 (0.19)	−0.23 (0.18)	0.32 (0.21)	0.14 (0.18)	−0.63*** (0.18)
技术效果预期（X_{11}）	−0.36*** (0.09)	−0.09 (0.09)	−0.35*** (0.11)	−0.31*** (0.09)	0.09 (0.09)
水资源（X_{12}）	0.09 (0.10)	−0.04 (0.09)	−0.09 (0.11)	−0.10 (0.09)	−0.58*** (0.10)
土地细碎化（X_{13}）	−0.09 (0.13)	0.24** (0.12)	−0.12 (0.14)	−0.16 (0.12)	0.17 (0.13)
技术难易程度（X_{14}）	0.19 (0.15)	−0.003 (0.13)	−0.01 (0.12)	−0.10*** (0.12)	−0.02*** (0.11)
Wald chi2	214.48	237.71	230.04	240.45	252.81
Prob>chi2	0.000 0	0.000 3	0.000 0	0.005 7	0.000 0
Pesudo R^2	0.122 7	0.267 2	0.126 5	0.257 7	0.111 1
N	371	363	419	397	428

注：*、** 和 *** 分别表示通过了10%、5%和1%统计水平的显著性检验，括号内的数值为稳健标准误。

全部样本农户对生物防治技术的选择分析结果显示，非农收入占比和土地细碎化在5%统计水平下表现出差异。非农收入占比代表家庭的兼业化程度，兼业化程度越高，对农业生产的关注度可能就会越低，对技术的选择意愿可能无法转化为行为；土地细碎化代表耕地特征，土地越分散，农户应用技术的难度越高，技术选择意愿可能不会完成转化。

全部农户对机械化技术的选择分析结果显示，家庭劳动力数量在5%统水平下表现出差异，非农收入占比、耕地面积、技术效果预期均在1%统计水平下存在差异，说明家庭劳力数量、非农收入占比、耕地面积、技术效果预期显著影响机械化技术选择意愿转化行为。机械化生产可以节约劳动力成本，但是调查时发现机械收获会造成一定的损失，再进行人工拾捡还会造成人工成本的增加，因此在家庭人口数量充足的情况下，农户可能更加倾向人工生产、收获，农户对技术选择意愿可能无法转化为行为；非农收入占比高，可以将非农收入用在农业生产上，农户对技术的选择意愿可能转化为行为。

全部样本农户对节水灌溉技术的选择分析结果显示，年龄在5%统计水平下表现出差异，家庭人口数量在5%统计水平上表现出差异，非农收入占比在10%统计水平下表现出差异，信任程度在1%统计水平下表现出差异，水资源在1%统计水平下表现出差异，技术难易程度在1%统计水平下表现出差异。说明对于全部样本农户来说，被访农户年龄、家庭劳动力数量、信任程度、水资源是否充足、技术难易程度可能显著影响意愿转化行为，非农收入占比对意愿转化行为的影响是微弱的。由于节水灌溉技术的物化性质，需要投入一定的成本（水费），对于男性被访农户，擅于从长远利益考虑问题，会增加技术选择意愿转化行为的可能。水资源是否充足将直接决定农户是否有选择技术的意愿，水资源若充足，农户的意愿可能不会转化行为。

全部农户对配方施肥技术的选择分析结果显示，家庭劳动力数量、技术效果预期、技术难易程度均在1%统计水平下表现出差异，耕地面积在5%统计水平下表现出差异，说明家庭劳动力数量、技术效果预期、技术难易程度以及耕地面积显著影响全部样本农户对配方施肥技术的选择意愿转化行为。

总结全部样本农户对增产型生产技术和环境友好型生产技术的考虑因素，家庭劳动力越多，农户对增产型技术选择意愿转化行为的可能越小。非农收入占比是全部农户对环境友好型技术选择意愿转化行为的限制因素，非农收入占比越大，机械化技术选择意愿转化为行为的可能越大，生物防治技术选择意愿转化行为的可能越小。耕地面积对环境友好型技术及增产型技术选择意愿与行为转化有一定的影响，耕地面积越大，农户对机械化技术和配方施肥技术的选择意愿越可能转化为实际行为；技术效果预期对环境友好型技术和增产型技术选择意愿与选择行为具有一定的影响，技术效果预期越好，农户对保护性耕作技术、机械化技术和配方施肥技术的选择意愿越可能转化为行为；水资源是限制增产型技术选择意愿转化行为的因素；技术难易程度会对增产型技术选择意愿与行为转化产生影响，且技术越简单，农户对增产型技术的选择意愿越可能转化为行为。

表 6-8 显示，普通农户在保护性耕作技术的选择意愿与行为的转化中，受教育程度在 5%统计水平下表现出差异，从众心理在 10%统计水平下表现出差异，技术效果的预期在 1%统计水平下表现出差异，说明受教育程度、从众心理对技术选择意愿转化的影响很小，技术效果的预期对技术选择意愿转化行为具有一定的影响。普通农户对生物防治技术的选择分析结果显示，非农收入占比、耕地面积、信任程度、土地细碎化在 5%统计水平下表现出差异，说明非农收入占比、耕地面积、信任程度、土地细碎化对普通农户生物防治技术的选择意愿转化行为有一定程度的影响。普通农户对机械化技术选择的分析结果显示，家庭劳动数量在 10%统计水平下表现出差异，非农收入占比、耕地面积、技术效果预期在 1%统计水平下表现出差异，说明非农收入占比、耕地面积、技术效果预期显著影响普通农户对机械化技术的选择意愿转化行为，家庭劳动力

数量对普通农户机械化技术选择意愿转化行为的影响较小。普通农户对节水灌溉技术的选择分析结果显示，性别在1%统计水平下表现出差异，健康程度在10%统计水平下表现出差异，家庭劳动力数量在5%统计水平下表现出差异，非农收入占比在10%统计水平下表现出差异，信任程度在5%统计水平下表现出差异，水资源是否充足在1%统计水平下表现出差异，说明性别、水资源是否充足显著影响小农户对节水灌溉技术选择意愿转化行为，家庭劳动力数量对节水灌溉技术的选择意愿转化行为有一定的影响，健康程度、家庭非农收入占比对其的影响较小。普通农户对配方施肥技术选择的分析结果显示，家庭劳动力数量在5%统计水平下表现出差异，技术效果预期在10%统计水平下表现出差异，技术难易程度在5%统计水平下表现出差异，说明家庭劳动力数量、技术难易程度在一定程度上影响普通农户配方施肥技术选择意愿转化行为，技术效果预期对普通农户配方施肥技术的选择意愿转化行为影响较小。

表6-8　普通农户意愿与行为差异的影响因素分析结果

自变量	环境友好型技术		增产型技术		
	模型 B_1	模型 B_2	模型 B_3	模型 B_4	模型 B_5
性别（X_1）	−0.07 (0.45)	−0.40 (0.44)	−0.43 (0.43)	0.26 (0.43)	−1.68*** (0.57)
年龄（X_2）	−0.06 (0.14)	0.03 (0.14)	0.08 (0.14)	−0.11 (0.14)	−0.21 (0.14)
受教育程度（X_3）	−0.57** (0.23)	0.004 (0.20)	0.09 (0.21)	−0.01 (0.19)	−0.08 (0.19)
健康程度（X_4）	0.13 (0.16)	0.03 (0.15)	0.05 (0.16)	−0.21 (0.16)	0.29* (0.17)
家庭劳动力数量（X_5）	−0.01 (0.15)	0.03 (0.15)	0.29* (0.16)	0.35** (0.15)	0.33** (0.16)
非农业收入占比（X_6）	−0.49 (0.49)	1.09** (0.48)	−1.58*** (0.48)	−0.07 (0.46)	0.87* (0.49)

（续）

自变量	环境友好型技术		增产型技术		
	模型 B_1	模型 B_2	模型 B_3	模型 B_4	模型 B_5
家庭经济情况（X_7）	−0.15 (0.17)	−0.19 (0.15)	0.02 (0.15)	0.16 (0.16)	−0.07 (0.15)
耕地面积（X_8）	0.009 (0.02)	−0.04** (0.02)	0.07*** (0.02)	0.009 (0.01)	0.002 (0.01)
从众心理（X_9）	0.22* (0.11)	0.11 (0.11)	0.07 (0.11)	0.04 (0.11)	0.08 (0.11)
信任程度（X_{10}）	−0.003 (0.23)	−0.49** (0.23)	0.29 (0.23)	0.23 (0.24)	−0.45** (0.23)
技术效果预期（X_{11}）	−0.39*** (0.11)	−0.12 (0.12)	−0.34*** (0.19)	−0.23* (0.12)	0.06 (0.11)
水资源（X_{12}）	0.12 (0.12)	0.12 (0.12)	−0.06 (0.12)	−0.17 (0.12)	0.56*** (0.13)
土地细碎化（X_{13}）	0.04 (0.15)	0.34** (0.23)	−0.19 (0.16)	−0.17 (0.15)	0.22 (0.16)
技术难易程度（X_{14}）	0.23 (0.17)	−0.06 (0.15)	−0.07 (0.13)	−0.13** (0.15)	0.09 (0.13)

注：*、** 和 *** 分别表示通过了10%、5%和1%统计水平的显著性检验，括号内的数值为稳健标准误。

总结普通农户对两类技术的选择意愿转化行为限制因素，可以得出以下结论：家庭劳动力数量对增产型技术选择意愿与行为差异具有一定的影响，且家庭劳动力数量越少，意愿与行为转化的可能性越大；非农收入占比对环境友好型技术选择意愿与行为转化有一定的影响，且非农收入占比越大，对机械化技术选择意愿与行为差异越小，对生物防治技术选择意愿与行为差异越大；耕地面积对环境友好型技术选择意愿与行为转化有一定影响，具体的影响方向与非农收入占比的影响方向相同；信任程度会提高技术选择意愿与行为转化的可能；技术效果的预期较好会提高技术选择意愿转化行为的可能。

大户对保护性耕作技术的选择分析结果显示（表6-9），家庭劳动力数量在5%统计水平下表现出差异，家庭经济情况在10%统计水平下表现出差异，耕地面积在5%统计水平下表现出差异，土地细碎化在5%统计水平下表现出差异，说明家庭劳动力、耕地面积、土地细碎化在一定程度上影响大户对保护性耕作技术选择意愿转化行为，家庭经济情况对大户保护性耕作技术的选择意愿与行为的转化的作用较小；大户对生物防治技术的选择分析结果显示，水资源在1%统计水平下表现出差异，说明水资源是否充足显著影响大户对生物防治技术的选择意愿转化行为；大户对机械化技术的选择分析结果显示，非农收入占比在5%统计水平下表现出差异，其他因素均未通过显著性检验，可能的解释是大规模农户由于耕地面积大，机械化技术的应用已十分普遍且很有必要，客观因素的变化也不能改变其行为决策；大户对节水灌溉技术选择的分析结果显示，年龄在5%统计水平下表现出差异，信任程度在1%统计水平下表现出差异，水资源是否充足在1%统计水平下表现出差异，说明信任程度、水资源是否充足显著影响大户对节水灌溉技术选择意愿转化行为，年龄影响较小。大户对配方施肥技术的选择分析结果显示，受教育程度在10%统计水平下表现出差异，技术效果预期在1%统计水平下表现出差异，说明受教育程度对大户配方施肥技术的选择意愿转化行为的影响较小，技术效果预期显著影响技术选择意愿行为的转化。

表6-9　大户技术选择意愿与行为差异的影响因素分析结果

自变量	环境友好型技术		增产型技术		
	模型 C_1	模型 C_2	模型 C_3	模型 C_4	模型 C_5
性别（X_1）	−0.58 (0.86)	−0.41 (0.82)	0.83 (1.43)	−0.55 (0.71)	1.19 (0.76)

（续）

自变量	环境友好型技术		增产型技术		
	模型 C_1	模型 C_2	模型 C_3	模型 C_4	模型 C_5
年龄（X_2）	−0.09 (0.28)	−0.02 (0.29)	0.48 (0.38)	0.33 (0.24)	−0.57** (0.27)
受教育程度（X_3）	0.59 (0.48)	−0.32 (0.42)	−0.36 (0.84)	−0.73* (0.37)	−0.32 (0.45)
健康程度（X_4）	0.11 (0.31)	−0.05 (0.27)	−0.07 (0.49)	−0.19 (0.24)	−031 (0.26)
家庭劳动力数量（X_5）	−0.53** (0.21)	0.09 (0.19)	0.39 (0.34)	0.17 (0.18)	−0.05 (0.21)
非农业收入占比（X_6）	−1.11 (1.04)	−0.63 (1.02)	−2.86** (1.38)	0.52 (0.89)	0.07 (0.92)
家庭经济情况（X_7）	−0.44* (0.27)	0.29 (0.28)	−0.13 (0.36)	007 (0.22)	−0.12 (0.21)
耕地面积（X_8）	−0.002** (0.008)	0.000 6 (0.005)	0.02 (0.01)	0.009 (0.006)	0.009 (0.009)
从众心理（X_9）	0.01 (0.18)	−0.13 (0.19)	0.03 (0.25)	0.009 (0.17)	−0.12 (0.16)
信任程度（X_{10}）	−0.56 (0.38)	0.54 (0.37)	0.36 (0.64)	−0.05 (0.31)	−1.21*** (0.37)
技术效果预期（X_{11}）	0.28 (0.1)	0.19 (0.22)	0.29 (0.36)	−0.54*** (0.19)	0.26 (0.21)
水资源（X_{12}）	−0.009 (0.22)	−0.67*** (0.24)	−0.004 (0.38)	−0.09 (0.18)	0.79*** (0.23)
土地细碎化（X_{13}）	−0.69** (0.29)	−0.07 (0.27)	−0.008 (0.45)	−0.13 (0.23)	−0.14 (0.25)
技术难易程度（X_{14}）	0.22 (0.33)	0.47 (0.32)	0.33 (0.33)	0.009 (0.25)	−0.20 (0.21)

注：*、** 和 *** 分别表示通过了10%、5%和1%统计水平的显著性检验，括号内的数值为稳健标准误。

总结大户对两种经营规模技术选择意愿转化行为的限制因素，可以得到以下结论：非农收入占比、家庭经济情况、耕地面积、土地细碎化是限制大户对环境保护型技术选择意愿转化行为的原因；信任程度、技术效果预期、水资源是限制大户对增产型技术选择意愿与行为转化的原因。

6.4　本章小结

本章主要是对技术选择意愿与行为存在差距的调查事实进行理论解析与实证验证。农户技术选择意愿与实际选择行为存在以下几种情况：无意愿无行为、自愿的有意愿有行为、被动的无意愿有行为以及有意愿无行为。从农户未能实现意愿转化行为的原因出发，结合意愿与行为的关系视角，将当前农户技术选择意愿与行为不一致机理总结为两个方面，一是意愿不能有效转化，二是行为受到干扰与控制而差异于初始意愿。根据技术市场特征和微观经济学的理论观点探究农户意愿与行为一致的机理及其不一致的根源，得出以下观点：政策与制度的适应与效率是农户能够不断自我调节行为实现意愿目标的基础，公共服务体制的健全与到位是农户理性与自主决策的外部条件，农户行为决策是否自主与理性是农户配置资源“帕累托最优”实现技术选择意愿与行为一致的关键。

通过实证分析来看，具有技术选择意愿的农户与实际发生技术选择行为的农户在其自身禀赋和所处环境上表现出明显的差异，原因可能是部分农户意愿还未实现行为的转化，也可能是部分农户受到外界的干扰而有悖于自身意愿发生行为，即理论研究中意愿与行为不一致的逻辑分析。统计分析表明，样本区农户选择保护性耕作技术的有 286 户，占比 56.08%，其中自主选择的占比 82.87%、被动选择的占比 17.13%；选择生物防治技术的农户有 179 户，占比 35.09%，其中自主选择的占比 81.01%、被动选择的占比

18.99%；选择节水灌溉技术的农户有 186 户，占比 36.47%，其中自主选择的占 81.01%、被动选择的占比 18.99%；选择配方施肥技术的农户有 158 户，占比 36.47%，其中自主选择的占 86.08%、被动选择的占 13.92%；选择机械化技术的农户有 318 户，占比 62.35%，其中自主选择的占 89.31%、被动选择的占 10.69%。

根据限制技术选择意愿转化行为因素的结果分析，得出以下结论：第一，家庭劳动力数量影响全部样本和普通农户增产型技术选择意愿转化行为的限制条件；非农收入占比影响不同经营规模农户环境友好型技术选择意愿与行为的转化；耕地面积影响不同经营规模农户玉米生产关键技术选择意愿与行为的转化；技术效果的预期越好，农户对技术选择意愿转化为行为的可能性越高；信任程度是普通农户各种经营规模技术选择意愿转化行为的限制因素，是大户增产型技术选择意愿转化行为的限制因素；水资源是全部样本和大户增产型技术选择意愿转化行为的限制因素。第二，针对不同经营规模农户对单个技术选择意愿转化行为的限制因素可知，对于普通农户，受教育程度高、受外界影响较小、技术预期较好的农户对保护性耕作技术的选择意愿更可能转化为选择行为；非农收入占比低、耕地规模大、信任程度高、耕地细碎化程度低的农户对生物防治技术的选择意愿更可能转化为选择行为；男性被访者、家庭劳动力数量少、非农收入占比小、信任程度较高、水资源不足的农户对节水灌溉技术的选择意愿更可能转化为选择行为；劳动力少、技术效果预期好、评价技术容易的农户对配方施肥技术的选择意愿更可能转化为选择行为；劳动力少、非农收入占比高、耕地面积小、技术效果预期好的农户对机械化技术的选择意愿更可能转化为选择行为。对于规模农户，劳动力多、经济状况好、耕地面积大、土地较零碎的农户对保护性耕作技术的选择意愿更可能转化为选择行为；水资源充足的农户对生物防治技术的选择意愿更有可能转化为选择行为；年龄小、信任程度较高、水资源不足的农户对节水灌溉技术的选择意愿更有可能转化为选择行为；受教育程度高、技术效果预期好的农户对配方施肥技术的选择意愿更有可能转化为选择行为；非农收入占比高的农户对机械化技术的选择意愿更有可能转化为选择行为。

第七章　不同经营规模农户玉米生产关键技术选择意愿与行为差异的效果研究

粮食产量在过去几十年间大幅度上升，一部分原因是耕地面积的扩大，更主要的原因是新技术的推广和农田管理条件的提升（FAO，2002a；Foley et al.，2005；Fischer et al.，2014）。中国水资源短缺问题突出（刘建刚，2012），农田基础设施、农作模式和田间管理等急需创新和提高。目前粮食产量增加的30%～50%来源于化肥，28%来源于灌溉，7%来源于品种改良，中国已经成为世界上使用化肥、农药最多的国家（陈健，2008）。长期过量使用化肥、农药带来了农业面源污染、破坏水土条件、土壤保墒能力下降及板结等问题，为此国家提出了到2020年实现“一控两减三基本”的农业可持续发展目标。第六章研究得出对技术效果的预期会影响农户的技术选择行为，本章在此基础上运用调查区域生产投入和产出数据，实证分析农户技术选择意愿与行为差异的效果，包括玉米生产产出效果和技术效率分布情况。由于技术采用意愿与行为之间存在差异，并且会对农户的产出效率带来影响，因此，对农户玉米生产的产出效果和技术效率的分布情况进行分析是很有必要的。

7.1　不同经营规模农户技术选择意愿与行为差异的产量效果

7.1.1　模型设定与变量选取

(1) 模型设定

作物产量的影响因素很多，主要可归结为产量决定因素和要素限制因素，前者主要包括气候、温度、光照等，后者包括技术进步、物质投入、价格、劳动投入等。本书数据的调查区域集中于比邻的村庄，气候、降水、温度、光等基本一致，可视为产量的决定因素一致，故而产量指标具有可比性，为本研究框架设计的基础；研究区域的土壤条件和粮食价格水平等外部条件也具有一致性，为本研究的基本假设：样本农户具有同样的潜在产量是合理的。

本书以产量限制因素的分析为基础，除包括各种生产投入外，还加入了农户个人特征、家庭经济特征、生产经营特征以及外部影响因素等。研究选择多变量的柯布-道格拉斯生产函数的对数模型形式，具体模型如下：

$$y = A\prod_{i=1}^{n} ix_i^{\alpha i}\prod_{j=1}^{m} x_j^{\beta i} \tag{7-1}$$

式中，y 为玉米产量，x_{1i} 为各种生产要素的投入量，x_{2i} 为各种外在影响因素。为方便弹性分析，估计时使用对数形式：

$$\ln y = \ln A + \sum_{i=1}^{n}\alpha_i \ln(x_i) + \sum_{j=1}^{m}\beta_j \ln(x_j) + \varepsilon \tag{7-2}$$

式（7-2）根据变量展开，得到用于本书研究的实证模型如下：

$$\begin{aligned}\ln y = \alpha &+ \beta_1\ln(tech_1) + \beta_2\ln(tech_2) + \beta_3\ln(tech_3) + \\ &\beta_4\ln(tech_4) + \beta_5\ln(tech_5) + \beta_6\ln(farm) + \\ &\beta_7\ln(sph) + \beta_8\ln(mac) + \beta_9\ln(ferti) +\end{aligned}$$

$$\beta_{10}\ln(irriga)+\beta_{10}\ln(irriga)+$$
$$\beta_{11}location+\beta_{12}weather+\varepsilon_i \quad (7-3)$$

式中，y 是玉米的总产出，$tech_1$、$tech_2$、$tech_3$、$tech_4$、$tech_5$ 分别为农户是否选择了保护性耕作技术、生物防治技术、节水灌溉技术、配方施肥技术和机械化技术；$farm$、sph、mac、$ferti$、$irriga$ 分别是家庭劳工投入、其他物质费用（种子费用、农药费用和除草剂费用总和）、机械作业支出、化肥费用和灌溉费用。考虑到地理环境和自然灾害对作物产量的影响，模型方程中加入了外部环境变量，$location$ 与 $weather$ 分别为地理位置和自然灾害情况。地理位置变量的定义为苏家屯地区赋值为"1"，昌图地区赋值为"2"，朝阳地区赋值为"3"，通辽地区赋值为"4"。自然灾害变量的定义为未遭受自然灾害则赋值为"0"，遭受水灾则赋值为"1"，遭受旱灾则赋值为"2"，遭受风灾则赋值为"3"。此外，由于部分农户没有喷洒农药，没有机械作业或者没有节水灌溉，则投入为零，无法取对数。对于此类问题的解决办法通常有两种，一是将为零的观测值赋一个较小的数，例如 0.000 1，然后再进行取对数即可；二是将这些观测值赋值为 1 后取对数，然后在模型中加入一个虚拟变量，若原变量为零，则虚拟变量取值为 0，若原变量大于 0，则虚拟变量取值为 1。两种方法并没有显著的差别，但是第二种方法增加了自变量，会降低自由度，因此本书选择第一种方法，将投入成本为零的观测值赋一个较小数，取值范围为 0.000 1～0.001。

（2）变量选取

玉米产量作为研究的被解释变量，在对农户玉米生产函数进行估计时，使用节水地块总产量概念。生产函数的投入要素包括介入性要素和非介入性要素。

介入性要素包括土地、劳动力、资本等投入，土地投入指标指耕地规模；劳动力投入用农户劳动力数量代表；资本投入包括化肥费用和种子费用、农药费用、除草剂费用等，由于当地玉米生产中农药和除草剂费用数额及所占比例都很小，故将其与种子费用合并处理，计为其他物质费用。

非介入性要素指影响玉米产量的外部环境因素，主要包括被访农户个人特征、家庭特征和生产经营特征三个方面。

第一，介入性要素：耕地规模、劳动投工、其他物质费用、机械作业费用、化肥费用、灌溉费用。

耕地规模：产量直接受制于生产面积的大小，在同等单产水平下，生产面积越大，则玉米总产量越大，因此预期耕地规模越大对玉米总产量贡献越大，其生产函数的符号为正。

劳动力：选择家庭农业劳动力数量来衡量，该指标越大可近似说明农业生产劳动投入越多，因此预期劳动力对玉米产量的作用方向为正向。

其他物质费用：包括种子费用、农药费用、除草剂费用。H. W. Mwangi 等（2015）将种子来源作为影响秸秆覆盖技术选择的变量之一，农户会根据经验及习惯选择玉米的品种，因此这里选择种子的费用作为影响产量的变量之一。农药和除草剂的使用可以减少病虫害，但是反过来也影响土壤，理论上其对产量的作用不确定，因只有个别样本有农药除草剂投入且数额非常小，处理中将其与种子费用合并，预期其他物质费用对玉米产量作用为正向。

机械作业费用：衡量农户农业生产中选择机械作业的强度，机械作业越多，农户耕地可能越连片，耕地面积越大，因此预期该变量对玉米产量的影响为正。

化肥费用：包括底肥和追肥的费用，预期化肥费用对玉米产量的作用方向为正向。

灌溉费用：雨养农业，靠天吃饭的农业生产，在具备灌溉条件下，灌溉次数越多，对产量的贡献也会越大，因此预期该变量对玉米产量的作用为正。

第二，农户特征要素：被访农户年龄、受教育程度、健康程度。

被访农户年龄：在农村被访农户往往是农业生产的决策者和实施者，其年龄影响生产习惯，也影响其对化肥、种子等要素的选择和配置。

被访农户受教育程度：受教育年限越长，越容易接受新的技术，但也有可能，受教育年限越长，非农机会和其他选择越多，对农业的重视程度会降低。年龄和受教育程度指标可归于农户决策中处于黑箱的因素，因其与其他因素有复杂而多变的关系，因而不能直接预期其对产量的影响，即作用方向不确定。

健康程度：健康是人力资本的重要组成部分（赵忠，2006；苑会娜，2009）。预期该变量对玉米生产的影响为负，如果被访农户的健康程度较差，不仅会明显减少其劳动时间，弱化其劳动能力，还可能会阻碍其进行农业生产决策，从而影响作物的产量。

第三，家庭特征要素：耕地细碎化、非农收入占比、参加技术培训次数。

耕地细碎化：耕地细碎化不利于农户的生产资料投入，还增加了农户的投工量，不利于粮食产量（秦立建等，2011）。因此预期该变量对粮食产量的影响为负。

农业收入比重：该指标反映一个家庭农业收入占家庭总收入的比重，可用来衡量家庭兼业化水平。农业收入的占比越高，说明农业收入的部分越多，农业对家庭就越重要，因而假设农业收入比重越高，农户越会关注农业生产，反之，将对农业生产的关注会相对减弱，因而有理由认为农业收入比重对产量有正影响，然而也有文献表明兼业化并不像人们所评价的那样缺乏效率，其产量将高于以农业为主的农户（钱忠好，2008）。因此该指标对产量的预期作用方向不确定。

参加技术培训次数：反映的是农户农业技术信息的获取，不仅有利于农户及时应对农业生产情况的变化，还有利于对技术的应

表 7-1　模型中变量定义与说明

变量名称	变量赋值	全部样本		普通农户		大户	
		均值	标准差	均值	标准差	均值	标准差
玉米总产出	玉米总产量（千克）	55 237	187 667	14 142.28	7 206.85	152 027.9	324 287
劳动投工	劳动力投加工时（工时）	9.85	35.73	10.68	36.29	7.91	34.41
其他物质费用	种子费用、农药费用、除草剂费用之和（元）	5 289.84	16 455.1	1 391.12	746.57	14 472.37	28 115.77
机械作业费用	机械作用的费用（元）	390.97	1 288.26	218.07	1 177.46	798.19	1 441.76
化肥费用	使用化肥的费用（元）	10 324.77	35 425.26	2 908.42	2 495.97	27 792.21	61 465.39
灌溉费用	灌溉水费（元）	67.25	177.58	40.37	70.35	181.23	413.07
耕地面积	农户实际耕作的土地面积（亩）	74.06	238.50	19.57	9.47	202.41	409.77
被访农户年龄	1. 18～30 岁；2. 31～40 岁；3. 41～50 岁；4. 51～60 岁；5. 60 岁以上	3.54	1.03	3.66	1.04	3.27	0.97
受教育程度	1. 小学及以下；2. 初中；3. 高中；4. 大学及以上；5. 研究生及以上	1.81	0.67	1.77	0.71	1.90	0.57
健康程度	1. 非常差；2. 差；3. 一般；4. 好；5. 非常好	3.93	0.89	3.89	0.88	4.03	0.92
非农收入占比	以非农收入与家庭总收入的比值计算	0.30	0.29	0.34	0.29	0.21	0.26
土地细碎化	1. 集中连片；2. 相距较近；3. 零星分布；4. 相距较远	2.51	0.92	2.53	0.90	2.47	0.95
参加技术培训次数	实际参加技术培训的次数（次）	1.34	1.42	1.16	1.36	1.76	1.48
地理区位	1. 苏家屯；2. 昌图；3. 朝阳；4 通辽	1.84	0.75	1.76	0.73	2.03	0.77
自然灾害	0. 无灾害；1. 水灾；2. 旱灾；3. 风灾	1.44	1.24	1.47	1.26	1.35	1.21

用，预期该变量对粮食产量的影响为正。

第四，外部环境要素：地理区位、自然灾害。

地理区位：玉米生长状态的好坏与自然环境有着密切的关系，不同地区由于气候和水文条件的差异会对玉米生产带来影响，因此在模型中加入地理区位因素，来控制外部环境条件的差异对玉米生产的影响，预期地理区位对玉米产量的影响不确定。

自然灾害：自然灾害是造成农业生产产量波动的主要原因，遭受灾害会是作物大量减产，因此预期该变量对玉米产量的影响为负。

具体的变量赋值与说明见表 7－1。

7.1.2 模型估计结果与分析

本书利用 Stata 13.0 软件对不同规模农户技术选择对产量的影响进行分析，得到的结果如表 7－2 所示，模型 1、模型 2、模型 3 分别是全部样本农户、普通样本农户和大户的生产函数估计结果。

表 7－2 玉米产量模型估计结果

变量	模型 1	模型 2	模型 3
	Coef (Std. err)	Coef (Std. err)	Coef (Std. err)
保护性耕作技术	0.04** (0.02)	0.04* (0.02)	0.07 (0.05)
生物防治技术	0.008*** (0.02)	0.008 (0.03)	0.006 (0.05)
节水灌溉技术	−0.02 (0.03)	−0.02 (0.03)	−0.04 (0.05)
配方施肥技术	−0.01 (0.03)	−0.007 (0.03)	−0.008 (0.05)
机械化技术	0.09 (0.13)	0.18 (0.23)	−0.01 (0.19)
劳动投工	0.003** (0.002)	0.005** (0.002)	0.002 (0.004)
其他物质费用	0.06*** (0.08)	0.06*** (0.09)	0.08*** (0.15)
机械作业费用	0.006 (0.01)	−0.005 (0.02)	0.004 (0.01)
化肥费用	0.04* (0.02)	−0.001 (0.02)	−0.11** (0.05)
灌溉费用	0.004* (0.02)	0.000 5 (0.002)	0.005 (0.004)

（续）

变量	模型 1	模型 2	模型 3
	Coef（Std. err）	Coef（Std. err）	Coef（Std. err）
耕地面积	0.97*** (0.08)	0.97*** (0.10)	1.07*** (0.16)
被访农户年龄	0.02** (0.01)	0.02 (0.01)	0.04** (0.02)
受教育程度	−0.03** (0.02)	−0.06*** (0.02)	0.07** (0.04)
健康程度	0.009 (0.01)	0.03 (0.01)	0.03 (0.02)
非农收入占比	0.14*** (0.04)	0.15*** (0.04)	0.12 (0.08)
土地细碎化	−0.03** (0.01)	−0.03* (0.01)	−0.02 (0.02)
参加技术培训次数	0.02** (0.008)	0.02* (0.01)	0.01 (0.01)
地理区位	−0.03* (0.02)	−0.04** (0.02)	0.01 (0.03)
自然灾害	−0.005 (0.008)	0.005 (0.02)	−0.006 (0.02)
_cons	6.23*** (0.38)	6.19*** (0.47)	6.22*** (0.71)
Numbers of obs	510	358	152
R - squard	0.962 6	0.877 1	0.950 4
Adj R - squard	0.961 1	0.870 2	0.943 3
F统计值	663.62	127.00	133.13
Prob>F	0.000 0	0.000 0	0.000 0

注：*、** 和 *** 分别表示通过了10%、5%和1%统计水平的显著性检验，括号内的数值为稳健标准误。

具体结果的分析如下：

第一，技术选择意愿与行为差异对玉米产量的影响。

保护性耕作技术的应用在全部样本农户和普通农户分别通过5%和10%统计水平的显著性检验，且系数均为正，说明全部样本农户和普通农户选择保护性耕作技术可以提高产量。从实际调查结果来看，全部样本选择保护性耕作技术农户的平均单产为732.58千克/亩，未选择保护性耕作技术农户的平均单产为710.8千克/亩，相差21.78千克/亩；普通农户选择保护性耕作技术农户的平均单产为729.93千克/亩，未选择保护性耕作技术农户的平均单产为

708.29千克/亩，相差21.64千克/亩，实证分析与实际调查的数据相符。保护性耕作技术是轮作、间作、深松、旋耕、秸秆还田、秸秆覆盖的集合，多种操作均会对土壤肥力的改良有助力，因此应用此技术在理论上是可以增加玉米产出的。

生物防治技术在全部样本农户分析中通过1%统计水平的显著性检验，且回归系数为正，说明应用生物防治技术均会使产量有所提高。从实际调查结果来看，全部样本选择生物防治技术的农户平均单产为725.39千克/亩，未选择技术的农户平均单产为717.28千克/亩，相差8.11千克/亩。生物防治技术是选择非农药手段达到抵御病虫害的目的，可以提高粮食的产量。

节水灌溉技术、配方施肥技术和机械化的应用在模型中没有通过显著性检验。节水灌溉技术没有通过显著性检验，可能的原因是调查当年没有遭受旱灾，农户进行节水灌溉的效果不显著，从长的时间跨度来看，节水灌溉技术理论上会对粮食的产出有正向的影响。从回归系数符号看，节水灌溉技术对三类样本均存在负向的影响，究其原因可能是农户由于耕地面积和经济条件的限制无法获得该技术。配方施肥技术没有通过显著性检验的原因可能是技术的实施需要严格按照测土和配方施肥来进行，有些农户即使获得了政府的测土服务，但是没有配方卡或者不按照配方卡建议进行施肥，大多根据商贩或者经验进行施肥。回归系数的符号显示，配方施肥技术的使用对三类样本均有负向的影响。机械化技术没有通过显著性检验的原因，在实际调查中农户普遍反映机械收获会使亩产降低40千克，机械收获会造成很多在土地中的玉米无法收回，再进一步人工收回又会投入更多的劳动力。从回归系数的符号看，机械化技术的应用对全部样本和普通农户具有正向的影响，对大户具有负向的影响。

第二，生产经营投入对玉米产量的影响。

劳动投工在全部样本和普通样本中均通过5%和5%统计水平

的显著性检验，且回归系数的符号为正，说明增加劳动力投入会对玉米产量有正向的影响。从产出弹性看，劳动投工在两组样本中的产出弹性分别为 0.003 和 0.005，已经处于边际报酬递减的状态，劳动投工的增加对玉米产量增长的贡献有限。

其他物质费用在三个模型中均通过了显著检验，显著水平均为1%，且回归系数的符号为正，其他物质费用与产出之间为显著正相关关系，这说明种子、农药、除草剂等投入对玉米产量有正影响。良种和病虫草害防治是增产和稳产的重要影响因素，但由于产出弹性的特点，各类样本农户之间投入上不存在显著差异（因为许多地块统一播种，使用相同的种子、农药等），由此才造成其与各样本农户的产量差异之间也表现为正相关。机械作业费用未通过显著性检验。

化肥费用在全部样本农户和大户中分别通过 10%和 5%统计水平的显著性检验，回归系数在各类样本农户的回归分析中不尽相同，说明对于全部样本来说，的确存在多施肥多产出的现象，不过弹性仅为 0.04，已经处于报酬递减阶段了，对于大户来说，多施肥会降低产出。文献也佐证了施肥量的增加会造成农作物边际产量的下降（马骥，2006；闫湘，2008），同时农民的生产积极性不高，肥料的施用时间、施用数量、施用种类上存在很大的主观性，不能因时因地适量施肥，也是导致农户之间产量差异的主要原因（刘建刚等，2012）。

灌溉费用仅在全部样本回归中有显著正影响，但是由于产出弹性仅为 0.004，对玉米产量增长的贡献是有限的。灌溉费用在三个模型回归中的系数均为正，说明增加灌溉费用会对玉米产量有正向影响。

第三，个人特征对玉米产量的影响。

年龄仅在全部样本和大户样本回归中有显著的正向影响，显著水平均为 5%。对普通农户样本的回归系数也为正，说明年龄越大的农户，玉米的产量越高。

受教育程度在全部样本和普通农户样本回归中有显著负向影响，显著水平分别为5%和1%，说明受教育程度越高的农户玉米的产量越低，与预期不一致。可能的解释是受教育程度高，农户对从事农业生产的积极性就会降低，会投入更多的精力在非农活动中，进而影响玉米生产效率，使产量下降。大户的回归分析中受教育程度有显著的正向影响，说明当农户的耕地面积扩大到一定规模，农户的经营能力得到增加，受教育程度对其生产经营具有积极的正向作用。健康程度没有通过显著性检验。

第四，家庭特征对玉米产量的影响。

非农收入占比在全部样本和普通农户样本的回归中均有显著的正向影响，显著水平均为1%，产出弹性分别为0.14、0.15，且在其他样本回归中系数均为正，说明非农收入占比在对玉米产量的提高上有一定的正向作用。

土地细碎化在全部样本和普通农户样本回归中有显著的负向影响，显著水平分别为5%和1%，产出弹性均为0.03、0.03，且在其他样本的回归中系数均为负，说明土地细碎化会在一定程度上阻碍农户选择农业技术，从而降低生产效率，影响粮食的产量。

参加技术培训次数在全部样本和普通农户的回归中有显著的正向影响，显著水平分别为5%、10%，产出弹性均为0.02、0.02，且在大户样本回归中系数也为正，说明参加技术培训次数会有限提高粮食的产量。

第五，外部环境对玉米产量的影响。

地理区位在全部样本和普通农户样本回归中有显著的负向影响，显著水平分别为10%和5%。根据统计结果，苏家屯地区玉米平均单产为747.35千克/亩，昌图地区的玉米平均单产为677.40千克/亩，朝阳地区玉米平均单产为767.89千克/亩，由此可以看出不同地区玉米的产量有差异。通辽项目区农户、经营规模 30～50 亩、高中及以上学历、一兼农户等条件下，推广节水灌溉技术具有更高的比较优势，玉米节水灌溉的增产效果在10kg / 亩左右，因此，节水灌溉技术能够实现粮食增产，适宜在有条件地区推广。

自然灾害没有通过显著性检验，可能原因是当年并没有严重的自然灾害，未对玉米产量带来严重的损害。

7.2　不同经营规模农户技术选择意愿与行为差异的效率

上一节的研究表明，不同经营规模农户由于自身禀赋的差异，会促使其进行技术选择行为策略的调整，虽然有助于提高农户的玉米产出，但是随着技术的应用不断加深，技术使用的“负效应”会加强，最终对玉米产出带来不利影响。上一节的研究内容是技术的选择对玉米产出量的影响，并未研究技术的使用是否有效率，即玉米产出质的问题。从玉米长期的生产过程来看，单纯依靠技术的应用和化肥农药的投入来获得产出的提高，这样粗放式的粮食产量增长方式，会带来很多资源环境的问题，因此，减少生产资源浪费，提高粮食生产效率是粮食生产可持续发展的必要措施。因此，研究技术的应用对玉米产出的影响，还应该考虑技术应用对玉米产出质的影响，即对玉米生产技术效率的影响。

技术效率反映的是农户在现有资源条件下，用尽可能少的投入获得尽可能多的产出的能力，一个低投入的农户比一个以高投入达到高产出的农户的技术效率水平高，因为高投入的农户并未实现在现有资源水平上实现尽可能接近其生产前沿的可能。因此，技术效率衡量的并不是农户最终产出水平，而是生产者对现有资源综合利用能力的反映。

7.2.1 研究方法与变量选取

(1) 研究方法

对农户生产技术效率的计算方法主要有参数法和非参数法，非参数法主要是以数据包络分析（DEA）为代表，参数估计法是以随机前沿生产函数（SFA）方法为代表。非参数方法不需要设定具体的函数形式，但是算法要求高，参数估计法具有一定的经济理论基础，能同时对生产函数方程和效率损失方程进行估计。参考以往相关的研究，本书运用参数估计方法对技术效率进行估计。随机前沿生产函数方法最早是由 Aigner 等（1977）和 Meeusen、Van den Broeck（1977）提出的，一般形式为：

$$y_i = f(x_i, \beta) + \varepsilon_i \tag{7-4}$$

式中，y_i 是第 i 个农户的玉米产出（$i=1, 2, \cdots, n$）；x_i 是投入要素；β 是待估参数向量；ε_i 是误差项，等于 $v_i - u_i$，其中 $v_i \sim N(0, \sigma_v^2)$ 是随机误差项，反映测量误差，$u_i \sim N(0, \sigma_u^2)$ 是非负、独立的误差项，代表了农户的玉米产出距离生产前沿面的距离。因此，技术效率可以定义为，实际产出与生产前沿上最大可能产出的比率。因此，第 i 个农户的技术效率的表达式为：$TE_i = \exp(-u_i)$，$\gamma = \sigma_u^2 / (\sigma_u^2 +)$ 则表示残差中能被技术效率解释的部分。

Just 和 Pope（1978）提出了一个更加一般化的模型：

$$y_i = f(x_i, \beta) + \varepsilon_i = f(x_i, \beta) + g(z_i, \gamma) v_i \tag{7-5}$$

式中，$f(x_i, \beta)$ 是确定性的生产方程，反映了要素投入对产出均值的影响；$g(z_i, \gamma)$ 是风险方程，反映了要素投入对产出波动的影响。为了估计农户的效率损失，学者提出了一个更加灵活的方法，将效率损失项包含在 Just 和 Pope 方程中，同时也可以估计效率损失的决定因素，方程形式如下：

$$y_i = f(x_i, \beta) + g(z_i, \gamma) + q(w_i, \delta) u_i \tag{7-6}$$

式中，$q(w_i, \delta)$ 是效率损失方程，反映农户的社会经济特征与技术效率损失之间的关系；w_i 为农户的社会经济特征变量；δ 为待估参数向量。式（7－6）可运用一步式极大似然法估计各项参数及效率值，具体通过求解如下似然方程的最优解：

$$\ln L = \alpha - 0.5\sum_t \ln[\exp(w_i,\delta) + \exp(z_i,\gamma)] +$$

$$\sum_t \ln\phi \frac{-\varepsilon_i\lambda_i}{\sqrt{\exp(w_i,\delta) + \exp(z_i,\gamma)}} -$$

$$0.5\sum_t \frac{-\varepsilon_i^2}{\sqrt{\exp(w_i,\delta) + \exp(z_i,\gamma)}} \tag{7-7}$$

对于模型（7－6）的具体形式，学者普遍选择的有两种，一种是柯布-道格拉斯方程，另一种是超越对数方程，本书首先假定生产前沿可能的形式为柯布-道格拉斯方程，基于此，模型的具体形式如下：

$$\ln y_i = \beta_0 + \sum_{j=1}^{j} \ln x_{ij} + v_i - u_i$$

$$\sigma_{vi}^2 = g\left(\prod_{j=1}^{j} z_j\gamma_j\right)$$

$$\sigma_{ui}^2 = q\left(\prod_{k=1}^{k} w_k\delta_k\right)$$

式中，y_i 为第 i 个农户的玉米产出；x_{ij} 为第 i 个农户的第 j 种要素投入；z_j 为生产风险方程的解释变量；w_k 为效率损失方程的解释变量；γ_j 与 δ_k 分别为待估参数。三个方程中的参数利用最大似然法一步估计得到。

（2）指标选取

生产方程：产出用玉米的单位产量来表示，投入包括六个方面，分别为肥料费用投入、其他物质费用投入、劳动力投入、机械投入、灌溉费用投入、玉米耕地面积。

7.2.2　随机前沿生产函数结果

（1）估计结果

利用调研数据，使用 R 语言软件对技术效率进行模拟，并找到影响技术效率的因素，结果如表 7-3 所示。

表 7-3　不同经营规模农户随机前沿生产函数估计结果

解释变量	全部样本		普通农户		大户	
	系数	标准误	系数	标准误	系数	标准误
生产方程						
肥料费用	0.02***	0.22	0.03	0.03	−0.02***	0.07
其他物质费用	−0.01	0.04	−0.01	0.05	−0.01	0.05
劳动力	0.001	0.001	0.001	0.001	0.002	0.002
机械费用	0.003***	0.001	0.04***	0.001	0.002	0.002
灌溉费用	−0.002	0.001	−0.001	0.001	−0.003	0.002
耕地面积	0.004***	0.006	0.005***	0.01	0.006***	0.01
常数项	6.68***	0.22	6.67***	0.26	6.85***	0.44
技术无效率方程						
年龄	0.001*	0.001	0.001	0.001	0.002**	0.01
受教育程度	−0.006***	0.002	−0.001**	0.003	0.008	0.006
月平均收入	0.001*	0.05	−0.001***	0.01	0.001***	0.002
接受培训次数	0.01***	0.004	−0.003**	0.006	0.006	0.008
贷款难易程度	−0.001	0.005	0.009***	0.007	0.004	0.01
耕地细碎化	−0.02***	0.01	0.009**	0.009	−0.02***	0.01
基础设施条件	−0.003	0.005	−0.004	0.007	−0.008	0.01
地区	−0.04***	0.007	−0.01	0.01	−0.01	0.02
受灾情况	−0.001	0.004	0.004	0.006	0.009	0.009
常数项	0.97***	0.05	0.81***	0.08	0.76***	0.12

注：*、**、*** 分别表示通过了 10%、5%、1%统计水平的显著性检验。

生产方程的估计结果与上一节的结果相似。技术无效率方程是考察变量对技术效率损失的影响，因此该方程中若解释变量的系数为正值，说明其对技术效率有负向影响，反之，若解释变量的系数为负值，说明该变量对技术效率有正向影响。从技术无效率方程的估计结果可知，在人力资本因素方面，年龄的回归系数为正值，说明被访农户的年龄与玉米生产技术效率呈负相关关系，且仅在全部样本和大户中通过了显著性检验，说明在全部样本和大户样本中，被访农户的生产经验对改善玉米生产管理水平具有重要的作用。受教育水平的系数为负，说明受教育水平对玉米生产技术效率有正向影响，且在全部样本和普通农户中通过了显著性检验，说明对于全部样本和普通农户，接受教育对改善玉米生产管理水平有重要的作用。月平均收入在全部样本和大户样本中的系数为正，在普通农户中为负，说明月平均收入在全部样本和大户样本中对技术效率有负向影响，在普通农户样本中有正向影响，因此增加普通农户的收入有助于提高玉米生产管理水平。接受培训次数在全部样本中系数为正，在普通农户样本中系数为负，说明增加普通农户的培训次数有助于提高玉米生产的管理水平。

从外部环境条件的影响看，贷款难易程度的系数为正，且仅在普通农户中显著，说明贷款难易程度对普通农户的玉米生产技术效率具有负向的影响，改善贷款环境，将有利于提高其玉米生产管理水平。耕地细碎化在全部样本和大户样本中系数为负，在普通农户样本中系数为正，说明使普通农户的耕地尽量集中连片可以提高玉米生产的管理水平。地区变量在全部样本中系数为负，且仅在全部样本中显著，说明辽宁西部的技术效率高于辽宁北部的技术效率。

（2）技术效率分布

这里讨论不同经营规模农户玉米生产技术效率分布情况，表7－4所示反映的是不同经营规模农户保护性耕作技术选择意愿与行为存在差异的效率分布情况。从效率的分布来看，对保护性耕作技术的选择意愿与行为一致的农户比差异户的技术效率高1.6％，对保护性耕作技术的选择意愿与行为一致的普通农户比存在差异的农户技术效率高2.2％，对保护性耕作技术的选择意愿与行为一致的大户比存在差异的农户的技术的效率高0.1％。说明，针对不同经营规模的农户，保护性耕作技术的选择意愿与行为一致的情况下效率更高，技术的应用均会使农户的技术效率得到提升，保护性耕作技术的实施是有效的。

对保护性耕作技术选择意愿与行为存在差异的大户效率分布在两端的比重最大，技术效率小于0.5的，大户占2.7%，普通农户占5.15%，大户中效率值大于0.9的占40.55%，普通农户中效率值大于0.9占42.27%，说明随着农户经营规模的增大，农户之间的要素禀赋差异也在增加，从而使得大户中存在部分农户的技术效率值极好，同时也存在部分农户技术效率极差的情况。普通农户中效率值低于0.7的占比最高，为11.34%，全部样本农户和大户分别占比9.7%和5.4%，说明普通农户样本中低效率值的农户的较多。此外，大户的平均效率高于全部样本农户高于普通农户。

此外，基于产出导向的效率值反映的是实际产出水平与可行的最大产出水平的比值，即在投入不变前提下，通过提高保护性耕作技术的管理水平，全部样本在现有的产出水平上至少可以提高13.6%，普通农户至少可以提高13.6%，大户至少可以提高13.6%。通过提高技术的管理水平，较少技术效率的损失，提高粮食产量的潜力较大。

表7-4 不同经营规模农户保护性耕作技术选择意愿与行为差异效率分布

效率值区间	全部样本		普通农户		大户	
	差异户比例（%）	一致户比例（%）	差异户比例（%）	一致户比例（%）	差异户比例（%）	一致户比例（%）
<0.5	4.48	2.53	5.15	2.47	2.70	2.67
[0.5，0.7)	5.22	3.79	6.19	4.32	2.70	2.67
[0.7，0.9)	48.51	45.57	46.39	41.36	54.05	54.67
≥0.9	41.79	48.10	42.27	51.85	40.55	39.99
总数	134	237	97	162	37	75
平均值	0.848	0.864	0.842	0.864	0.863	0.864
最小值	0.157	0.381	0.365	0.381	0.157	0.469
最大值	0.986	0.989	0.974	0.989	0.986	0.949

表 7－5 是不同经营规模农户生物防治技术选择意愿与行为差异的效率分布，从效率的分布来看，对生物防治技术采用意愿与行为一致的农户比有差异的农户的技术效率低 1.4%，对生物防治技术选择意愿与行为一致的普通农户比有差异的农户的技术效率低 2.0%，对生物防治技术选择意愿与行为一致的大户比有差异的农户的技术效率低 2.0%。从数据分析可以看出，调查区域不同经营规模农户选择生物防治技术是低效率的。

普通农户中效率值小于 0.7 的占比最高，为 12.39%，全部样本和大户分别占比 11.72%和 9.38%，说明普通农户应用生物防治技术低效率值的户数较多。此外，选择了生物防治技术大户的平均值高于全部样本高于普通农户。通过提高生物防治技术的管理水平，全部样本在现有的产出水平上至少可以提高 15.0%，普通农户至少可以提高 15.3%，大户至少可以提高 14.1%。

表 7－5　不同经营规模农户生物防治技术选择意愿与行为差异的效率分布

效率值区间	全部样本		普通农户		大户	
	差异户比例（%）	一致户比例（%）	差异户比例（%）	一致户比例（%）	差异户比例（%）	一致户比例（%）
＜0.5	2.29	5.51	1.97	5.31	3.03	6.25
[0.5，0.7)	2.75	6.21	3.29	7.08	1.52	3.13
[0.7，0.9)	44.04	40.00	42.76	40.71	46.97	68.75
≥0.9	50.92	48.28	51.98	46.90	48.48	21.70
总数	218	145	152	113	66	32
平均值	0.864	0.850	0.867	0.847	0.875	0.859
最小值	0.469	0.181	0.167	0.360	0.153	0.181
最大值	0.949	0.986	0.991	0.986	0.955	0.972

表 7－6 为农户选择节水灌溉技术意愿与行为差异的效率分布，从效率的分布可以看出，对节水灌溉技术选择意愿与行为存在差异

和没有差异的样本，技术效率基本一致；对节水灌溉技术采用意愿与行为不一致的农户的技术效率高于意愿与行为一致的普通农户，高 1.4%；对节水灌溉技术选择意愿与行为不一致的农户的技术效率低于意愿与行为一致的大户的技术效率，低 2.5%。表明，在调查区域，普通农户对节水灌溉技术选择意愿与行为存在差异的效率值较高，大户对节水灌溉技术选择意愿与行为一致时效率更高。

大户中意愿与行为一致的效率值在 0.7～0.9 的农户比重最高，为 62.12%，说明大户选择节水灌溉技术意愿与行为一致时效率提高明显。选择节水灌溉技术意愿与行为一致时，大户的平均技术效率高于全部样本高于普通农户。且通过提高节水灌溉技术的管理水平，在现有产出水平基础上，全部样本的粮食产量至少可以提高 14.9%，普通农户的粮食产量至少可以提高 16.1%，大户的粮食产量至少可以提高 13.4%。

表 7-6　不同经营规模农户节水灌溉技术选择意愿与行为差异的效率分布

效率值区间	全部样本		普通农户		大户	
	差异户比例（%）	一致户比例（%）	差异户比例（%）	一致户比例（%）	差异户比例（%）	一致户比例（%）
<0.5	4.53	2.45	3.92	3.09	6.56	1.52
[0.5，0.7)	3.02	6.13	2.94	8.25	3.28	3.03
[0.7，0.9)	50.57	57.67	50.49	54.64	50.82	62.12
≥0.9	41.88	33.58	42.65	34.02	39.34	33.33
总数	265	163	204	97	61	66
平均值	0.851	0.851	0.853	0.839	0.841	0.866
最小值	0.157	0.155	0.157	0.362	0.190	0.155
最大值	0.989	0.978	0.989	0.978	0.986	0.948

表 7-7 为农户配方施肥技术选择意愿与行为差异的效率分布，从效率的分布来看，对配方施肥技术选择意愿与行为一致的农户比配方施肥技术选择意愿与行为不一致的农户的技术效率高 1.5%，

对配方施肥技术选择意愿与行为一致的普通农户的比有差异农户的技术效率高1.3%，对配方施肥技术选择意愿与行为一致的大户比有差异的大户的技术效率高2.2%。表明，调查区域不同经营规模农户配方施肥技术选择意愿与行为一致均会使技术效率得到提升，技术的应用是有效的。

大户效率值在0.7～0.9的农户占比最大，效率值在大于0.9以及小于0.7的占比较小，说明大户选择配方施肥技术的效率并不是很高，可能的解释是，配方施肥技术在应用上具有严格的操作规程，需要依照测土的结果，并按照配方卡进行施肥，调查中发现，很多农户不按照配方卡施肥，更多的是按自己的经验或者听从邻居的方法进行施肥，这样的施肥方式往往达不到预期的效果。此外，在现有的产量水平上，改善测土配方施肥技术的操作规程，全部样本农户的平均产量至少可以提高13.6%，普通农户的平均产量至少可以提高13.4%，大户的平均产量至少可以提高13.9%。

表7-7　不同经营规模农户配方施肥技术选择意愿与行为差异的效率分布

效率值区间	全部样本		普通农户		大户	
	差异户比例（%）	一致户比例（%）	差异户比例（%）	一致户比例（%）	差异户比例（%）	一致户比例（%）
<0.5	4.21	2.21	3.45	2.44	6.89	1.85
[0.5，0.7)	4.21	3.68	4.43	3.66	3.45	3.70
[0.7，0.9)	48.66	51.47	48.28	46.34	50.00	59.26
≥0.9	42.92	42.64	43.84	47.56	39.66	35.19
总数	261	136	203	82	58	54
平均值	0.849	0.864	0.853	0.866	0.839	0.861
最小值	0.155	0.196	0.376	0.360	0.155	0.196
最大值	0.988	0.986	0.988	0.955	0.981	0.986

表7-8为农户机械化技术选择意愿与行为差异的效率分布，

从效率的分布来看，对机械化技术选择意愿与行为一致的农户比存在差异的农户的技术效率高 2.5%，对机械化技术选择意愿与行为一致的普通农户比存在差异的农户的技术效率高 2.6%，对机械化技术的选择意愿与行为一致的大户比存在差异的大户的技术效率高 1.6%。表明，调查区域不同经营规模农户机械化技术选择意愿与行为一致均会使技术效率得到提升，技术的应用是有效的。

普通农户中效率值小于 0.5 的农户占比最小，为 1.17%，大户中效率值小于 0.5 的农户占比最大，为 1.77%，且大户中效率值在大于 0.7 至 0.9 的农户占比最大，为 56.64%，说明普通农户应用机械化技术可以提高技术效率，但是随着规模的增加，并不是全部大户的效率都是极好的，存在一部分大户的效率极差情况。此外，在现有产出水平下，提高机械化技术的管理水平，全部样本农户的平均产量至少可以提高 14.2%，普通农户的平均产量至少可以提高 14.2%，大户的平均产量至少可以提高 14.1%。三类样本的平均效率基本一致，说明三类样本在选择机械化技术的效率无明显的差异。

表 7-8　不同经营规模农户机械化技术选择意愿与行为差异的效率分布

效率值区间	全部样本		普通农户		大户	
	差异户比例（%）	一致户比例（%）	差异户比例（%）	一致户比例（%）	差异户比例（%）	一致户比例（%）
<0.5	7.41	1.41	7.50	1.17	6.67	1.77
[0.5，0.7)	4.44	5.28	5.00	5.85	0.00	4.42
[0.7，0.9)	40.74	55.99	40.83	5.56	40.00	56.64
≥0.9	47.41	37.32	46.67	37.42	53.33	37.17
总数	135	284	120	171	15	113
平均值	0.833	0.858	0.832	0.858	0.843	0.859
最小值	0.157	0.153	0.157	0.358	0.188	0.153
最大值	0.979	0.989	0.979	0.989	0.979	0.986

7.3　本章小结

本章进一步对技术选择的效果进行分析，运用调查区域生产投入和产出数据，实证分析农户技术选择意愿与行为差异的效果，包括玉米生产产出效果和技术效率。主要研究结论如下：

第一，从产量效果来看，应用保护性耕作技术和生物防治技术会显著增加玉米的产量，节水灌溉技术、配方施肥技术和机械化技术不会显著增加玉米的产量，对于这类技术，普通农户很难获得，或者获得后应用的成本很高，技术的可得性很低，但是理论上是会对玉米产量带来正向的影响的。增加劳动力投入会对玉米产量有正向的影响。其他物质费用对产出有正向影响，即种子、农药、除草剂等投入对玉米产量有正影响。对于全部样本来说，化肥投入越多产出越多，但是已经处于报酬递减阶段，对于大户来说，多施肥反而会降低产出。灌溉费用仅在全部样本回归中有显著正影响，但是由于产出弹很小，对玉米产量增长的贡献是有限的。被访农户年龄越大，玉米的产量越高。受教育程度对全部样本和普通农户的产量有显著的负向影响，在对大户的产量与显著的正向影响，即当农户的经营规模增加，农户的生产经营能力也随着得到了提高，受教育程度对其生产经营具有积极的正向影响。非农收入占比在对玉米产量有一定的正向影响。土地细碎化会在一定程度上阻碍农户选择农业技术，影响粮食的产量。参加技术培训次数在全部样本和大规模样本回归中有显著的正向影响。

第二，从技术效率来看，年龄、受教育水平、月平均收入、接受培训次数、贷款难易程度、耕地细碎化、地区变量均会对玉米生产的技术效率产生影响，但是在不同样本中的作用方向不尽相同。农户选择玉米生产关键技术后，保护性耕作技术、配方施肥技术和机械化技术，意愿与行为一致的效率均高于意愿与行为存在差异的效率，但是生物防治技术的选择意愿与行为一致的效率低于意愿与行为存在差异的效率。普通农户对节水灌溉技术选择意愿与行为一致的效率低于意愿与行为存在差异的效率，大户对节水灌溉技术选择意愿与行为一致的效率高于意愿与行为存在差异的效率。不同经营规模农户在选择机械化技术后效率值基本相似，没有特别大的差异。且调查区域，不同经营规模农户选择保护性耕作技术、节水灌溉技术、配方施肥技术和机械化技术的意愿与行为一致时均是有效的，选择生物防治技术是低效的。

第八章　研究结论与政策优化

通过前面几章的理论分析和实证分析，厘清了不同经营规模农户对玉米生产关键技术的选择行为。本章主要阐明研究的主要结论，提出技术推广的政策建议，并指出未来的研究方向。

8.1　研究结论

本书深入研究了不同经营规模农户对玉米生产关键技术的选择行为。首先基于农户行为理论和消费者理论对农户技术选择行为进行理论分析。接着从经济学角度以及博弈论的视角对农户技术选择行为进行了解释，并构建了技术选择行为的理论分析框架。根据农户需求理论，利用实际调研数据，对不同经营规模主体对技术的需求进行实证分析，厘清不同经营规模农户技术需求的不同特征；根据农户选择理论，对不同经营规模主体技术选择行为做实证分析，深入研究不同经营规模农户技术选择的不同特征；基于需求与消费之间的差异，即意愿与行为存在差距视角，探讨影响农户技术选择意愿转化行为的因素。最后，实证分析了农户选择技术意愿与行为存在差异对产量和效率的影响。得出以下主要结论：

第一，影响不同经营规模农户对玉米生产关键技术选择意愿、选择行为、选择意愿与选择行为差异的主要原因是由于耕地规模和非农收入占比的不同，非农收入占比越高的家庭，其兼业化程度越高，兼业化会导致农户向两种方向支配现有资源，其一是农户一直保持着兼业化的状态，可以调动一部分非农收入投入农业生产中，这种情况下，农户对农业技术的需求将增强；其二是向非农户转变，即拥有土地但是不进行农业生产，将土地以转包或出租的形式进行土地流转，这种情况下农户对农业技术的需求将减弱。不同地区的农户对技术的选择意愿也会有所差异，这是由于不同地理位置的自然环境造成的，辽宁中部及北部地区倾向选择增产型技术，辽宁西部地区对环境友好型技术选择意愿的概率较高。

第二，由于不同技术本身的性质也会对农户的技术选择决策带来影响，环境保护性农业技术是能满足当代人农业生产的资源与环境需求，又对后代的资源与环境需求不产生影响的农业技术；增产型农业技术，是在一段时间内可以实现产出增加的农业技术。农户综合考虑自身的资源禀赋后会对两种经营规模的技术进行选择，这是一个复杂的过程，需要大量的统计与实证的检验。

第三，技术选择意愿与选择行为确实存在差异。家庭劳动力数量是全部样本和普通农户增产型技术选择意愿转化行为的限制条件；非农收入占比影响不同经营规模农户环境友好型技术选择意愿与行为的转化；耕地面积影响不同经营规模农户玉米生产关键技术选择意愿与行为的转化；技术效果的预期越好，农户对技术选择意愿转化为行为的可能性越高；信任程度是普通农户各种经营规模技术选择意愿转化行为的限制因素，是大户增产型技术选择意愿转化行为的限制因素；水资源是全部样本和大户增产型技术选择意愿转化行为的限制因素。

对于普通农户，受教育程度高、受外界影响较小、技术预期较好的农户对保护性耕作技术的选择意愿更可能转化为选择行为；非农收入占比低、耕地规模大、信任程度高、耕地细碎化程度低的农户对生物防治技术的选择意愿更可能转化为选择行为；男性被访者、家庭劳动力数量少、非农收入占比小、信任程度较高、水资源不足的农户对节水灌溉技术的选择意愿更可能转化为选择行为；劳动力少、技术效果预期好、评价技术操作简单的农户对配方施肥技术的选择意愿更可能转化为选择行为；劳动力少、非农收入占比高、耕地面积小、技术效果预期好的农户对机械化技术选择意愿更可能转化为选择行为。

对于规模农户，劳动力多、经济状况好、耕地面积大、土地较零碎的农户对保护性耕作技术的选择意愿更可能转化为选择行为；水资源充足的农户对生物防治技术的选择意愿更有可能转化为选择行为；年龄小、信任程度较高、水资源不足的农户对节水灌溉技术的选择意愿更有可能转化为选择行为；受教育程度高、技术效果预期好的农户对配方施肥技术的选择意愿更有可能转化为选择行为；非农收入占比高的农户对机械化技术的选择意愿更有可能转化为选择行为。

第四，通过实证分析，保护性耕作技术和生物防治技术的选择对农户的玉米产出有一定的正向影响，增加劳动力投入会对玉米产量有正向的影响，其他物质费用对产出有正向影响。对于全部样本来说，化肥投入越多产出越多，但是已经处于报酬递减阶段；对于大户来说，多施肥反而会降低产出。灌溉费用仅在全部样本回归中有显著正向影响，但是对玉米产量增长的贡献是有限的。被访农户年龄越大，玉米的产量越高。受教育程度对全部样本和普通农户的产量有显著的负向影响，对大户的产量有显著的正向影响。非农收入占比对玉米产量有一定的正向影响。土地细碎化会在一定程度上阻碍农户选择农业技术，影响粮食的产量。从技术效率来看，年龄、受教育水平、月平均收入、接受培训次数、贷款难易程度、耕地细碎化、地区变量均会对玉米生产的技术效率产生影响，但是在不同样本中的作用方向不尽相同。农户选择玉米生产关键技术后，保护性耕作技术、配方施肥技术和机械化技术，意愿与行为一致的效率均高于意愿与行为存在差异的效率，但是生物防治技术的选择意愿与行为一致的效率低于意愿与行为存在差异的效率。普通农户对节水灌溉技术选择意愿与行为一致的效率低于意愿与行为存在差异的效率，大户对节水灌溉技术选择意愿与行为一致的效率高于意愿与行为存在差异的效率。不同经营规模农户在选择机械化技术后效率值基本相似，没有特别大的差异，且调查区域，不同经营规模农户选择保护性耕作技术、节水灌溉技术、配方施肥技术和机械化技术的意愿与行为一致时均是有效的，选择生物防治技术是低效的。

8.2 政策优化

通过研究结论得到以下几点政策启示，可以为相关政策推广部门进行技术推广提供参考。

8.2.1 强化政府在技术扩散中的职责作用

（1）加强政府宣传引导，强化农户环境保护和农产品质量安全意识，提高农户对玉米生产关键技术的认知程度。具体举措为，发展农村义务教育，提高农民的受教育程度以及个人对农业信息搜集、整理、加工的能力，改变农村现有的传统生产方式，引导农户进行玉米生产关键技术的应用，推广和普及农业技术知识，强化农户对使用农业技术重要性的认识，增强农户保护环境和节约资源的责任感。政府可通过多种途径对农业技术的知识进行推广，提高农户对技术选择的接受程度和选择意愿，提高农户对技术产品的有效需求，并使农户及时学习到农业技术的使用模式和经验。

（2）建立健全农业技术培训机制，提高农户对农业技术的选择意愿。通过技术培训的形式向农户普及农业新技术的知识，加强农户对新技术的理解和综合运用能力，并及时对农户在技术应用过程中遇到的困难进行处理，增强农户对农业技术的实际操作能力，加快技术扩散的速度。在进行技术培训时，需要针对不同经营规模技术的特点分别进行指导。对于环境友好型技术，主要依靠政府的服务，政府要发挥好服务职责，指导农户结合农业生产的特点，改善作物害虫天敌的生态环境，为天敌提供必要的生长环境，入冬前结合挖土清沟，在田埂边进行堆放，保护蜘蛛、青蛙等天敌的越冬和隐蔽场所。对于增产型农业技术，需要一定的技术指导和培训。节水灌溉技术，在保证灌溉水源充分可得的前提下，应积极引导农户进行膜下滴灌技术的应用，同时由于技术应用带来的农膜污染应妥善进行解决，可以使用可降解的农膜。对于配方施肥技术，通过实地调研，农户对配方施肥具有很高的需求意愿，但是农户自己进行测土存在一定的现实困难，所以政府应该积极推进测土工作，做到好技术惠及每一寸土地，并督促农户按照配方卡的比例进行合理施肥，提高肥料的利用效率，从而降低肥料的使用量以及肥料开支。

（3）加大对玉米生产关键技术选择户的补贴力度。本书所选择的农业生产关键技术具有良好的经济效益、社会效益和环境效益。社会效益的提高、环境的改善具有明显的公共物品属性，依据经济学的理论，对于具有正外部性的生产应给予补贴从而促进其发展。但当前，对于选择该类技术的农户的补贴较少，也没有形成长期的连续的补贴机制，降低了农户选择玉米生产关键技术的积极性，因此，应该制定指向性的政策以保证技术补贴落地惠及农户，降低农户的技术选择成本以有效激励农户的技术选择行为。可以将农业技术补贴与其他形式农业补贴（如粮食综合补贴）结合起来，形成“一揽子”农业补贴计划，以加强对农户技术选择的激励，实现技术的有效推广。

同时政府在进行技术补贴时，应该根据农户经营规模的不同而有所差异，通过考虑农户的个人禀赋和需求偏好（例如农户在农业生产中的效率是高还是低、农户对技术的需求偏好如何）来制定补贴政策可以达到更好的效果。还要根据农户选择技术的效果不同而有所差异，当前政府对于技术补贴政策制定前的考察和补贴发放工作比较重视，但是对技术补贴发放后的效果缺乏一定的监管机制，结果使补贴的激励作用被极大地弱化。因此，建立健全补贴资金跟踪制度、执行过程监督制度、实施效果考核制度很有必要，应加强对技术补贴进行监管，及时对实施过程中出现的问题进行处理，并对补贴政策进行适当的调整。

8.2.2 提高农户文化素质，加强农业技术知识的传播

（1）通过不同的途径促进不同经营规模农户对技术产品的消费，在农户对技术产品的有效需求的基础上，协调各方面的资源使农户发生消费行为，进而提高农产品的质量安全，保障粮食供给。具体的措施为，政府积极鼓励农民接受文化教育，提高农民的文化素质，帮助解决农民的赡养问题，使之无后顾之忧，同时文化素质的提高拓展了农户的视野以及获取农业信息的能力，增强对技术的综合理解能力，从而提高农户在应用玉米关键技术时的效果。

（2）对于增产型农业技术即节水灌溉技术、配方施肥技术，普通农户考虑更多的是选择技术的风险和是否有政府的扶持，为了引导农户进行此类技术的应用，政府应该提供技术指导，对选择此类技术的农户给予相应的补贴和奖励。做好转变农业生产方式的宣传，对未选择此类技术的农户，政府应加大监管力度，防止农户滥用化肥、过量施肥带来的土地资源破坏以及不合理灌溉带来的水资源浪费等现象的发生，为玉米生产关键技术的推广提供技术支撑和资金支持。同时，企业应完善农产品收购市场的相关契约内容，增加农民的违约成本，企业应以合理的价格收购农产品，比如以保底价格和随行就市的原则进行收购，这会提高农户抵御风险的能力。完善农业保险的补偿机制，根据实际受灾情况，合理补偿，真正做到雪中送炭，这也是提高农户抵御自然风险能力的一种途径，进而提高农户对应用增产型农业技术的积极性；大户由于经营规模较大，需要投入的资源较多，政府应根据大户的需求提供资金支持和

技术指导，鼓励大户带动周边农户进行技术知识的学习和应用。

8.2.3 促进技术选择意愿到选择行为的转化，助力技术推广

(1) 对于意愿与行为一致性较高的保护性耕作技术，根据区域的土壤特点，寻找适合当地与玉米轮作或间作的作物；机械化生产技术，推广可以不造成浪费的机器，或者对农户进行补贴弥补对少收粮食带来的损失，补贴金额根据当年玉米的市场价格与每亩玉米损失的数量决定。对于意愿与行为差异较高的生物防治技术、节水灌溉技术、配方施肥技术，需要政府做好推广工作，大力发展农业生产性服务组织或者托管服务，收取的费用要低于农户自己使用技术的费用。

(2) 针对不同经营规模农户技术选择意愿研究结论的政策优化。目的是提高农户对技术选择的积极性，促进技术选择意愿的提升。第一，政府在对普通农户生物防治技术和机械化技术的推广中，应重点对男性被访农户进行宣传和引导。第二，并不是家中有农技员一定会提高农户对技术的选择意愿，对配方施肥技术进行技术宣传时，应该选择那些家中没有农技员及年龄较大的普通农户以及规模农户家庭；对于耕地面积少的普通农户建议使用生物防治技术，对于耕地规模小的大户家庭建议使用节水灌溉技术。第三，建议辽宁西部地区推广环境保护型农业技术、辽宁中部地区推广增产型农业技术。

(3) 针对不同经营规模农户技术选择行为的政策优化。目的是提高农户的技术选择行为，即提高农户对技术产品的实际购买能力。第一，适当减少对生物防治技术的推广和宣传，取而代之以低污染、低残留、高效率的农药进行病虫害的防治；大力引导一部分风险偏好型的农户进行增产型农业技术的选择，通过实际效果的传导效应，将正面信息传播到风险规避的农户中；应该适度发展规模经营，使零星分布的土地可以集中连片进行大规模的机械化生产，

提高生产效率。第二，加大配方施肥技术的推广力度，要提高农民的知识文化水平，让农户能看得懂配方肥的配比，这样才能引导其按照配比进行生产。向规模农户发放材料即可，对于普通农户建议进行现场指导，并尽量提高普通农户的土壤质量。第三，大力推广节水灌溉技术的应用，针对普通农户，要将政策落地，保证普通农户的合法利益不受侵犯，提高其政策满意度，针对规模农户可以适当对女性被访农户进行重点推广。

（4）针对不同经营规模农户技术选择意愿与选择行为差异的政策优化。期望可以缩小技术选择意愿与选择行为之间的差异。首先，拓宽农户收入来源，让有劳动力能力的农户获得一些非农工作，从事农业劳动的人数不足，农户就会调动各种资源进行增产性技术的使用。其次，鼓励土地流转，加大对土地流转工作的监督、审查力度，使一部分农户达到规模经营，促进技术的使用，缩小农户选择意愿与选择行为的差异。最后，对于普通农户，要加强对技术的宣传和指导，使农户对技术效果的预期是正向积极的，这样可以促进保护性耕作技术选择意愿转化为选择行为；针对男性被访农户侧重推广节水灌溉技术。

（5）根据实际调研，当前农村的新技术并不都是有效的技术，建议政府部门有针对性地培养当地的经营大户，引导其发展成为农业生产性服务组织，带动周边的农户，组织提供农机服务，包括传统的收割方式和机收，让玉米生产农户可以自己选择所能接受的方式；同时适度引导普通农户中的兼业农户发展成为合作社、家庭农场、大户等新型经营主体，或者鼓励其退出农业生产，将土地流转到其他大户或者纯农户手中。

8.2.4 拓展农户技术信息获取渠道，加强金融支持

信息获取的多少直接影响农户对玉米生产关键技术应用所带来的价值的理解。农户获得的信息越多，对玉米生产关键技术的了解

越充分，才会有积极的态度对待技术选择行为。本书的实证结果表明，农户的技术信息获取渠道会显著影响农户的技术选择行为，因此拓宽农户的技术信息获取渠道很有必要。一方面充分发挥广播、电视、报纸等传统媒介在技术信息传播中的重要性，另一方面通过手机短信息、微信、互联网等现代媒介有针对性地向农户提供农业技术应用中所需要的信息和知识，帮助农户及时了解技术应用信息和操作方法。邻里效应在农业技术推广中仍发挥着主要的推动作用，充分发挥早期新技术应用者的带头作用，并利用农户之间从众心理促进更多农户进行技术应用。

金融资金不仅能为农业技术创新提供充足的资金，而且还可以合理引导农业产业结构的升级。加快农业生产方式的转变，促进农业现代化的发展，必须健全金融产品和服务，构建县域金融机构对“三农”支持机制，改善农户小额信用贷款机制，优先满足农户信贷需要，对于农户为了进行农业新技术应用的小额贷款，应大力支持，无须烦琐的担保或抵押、审批等手续，而应选择贷款的一站式服务。改善金融服务，可以降低农户的预算约束，提高农户对技术选择的可能性。

8.2.5　规范农户生产方式，保障粮食产量安全

化肥投入和灌溉费用的投入会对粮食的产出有一定的正向影响，但是贡献是有限的，因此建议农户通过技术学习，合理施肥，按比例施肥，保持土壤营养物质的均衡，选择有效的方式灌溉，达到玉米产出和节约水资源双赢的目标。劳动力投入和其他物质费用的投入依然是提高粮食产出的重要因素，农户在自身条件允许的基础上，尽量调动家庭劳动力进行农业生产，选择优质的种子，提高粮食的出苗率以保证粮食产量。

对于没有选择玉米生产关键技术的农户，可以适当推广生产性服务，普通农户由于收入限制，对成本较高的机械化技术没有购买

能力，可以通过机械化生产性服务组织进行外包服务，农户支付一定的费用即可，这样对于机械化生产性服务组织的发展起到了一定的带动作用，而且加快了技术的应用，改变了农户的生产方式，也改变了农户的技术应用方式，不是农户自身应用，而是通过生产性服务组织外包服务间接应用农业技术。

8.3 研究展望

本书主要从不同经营规模农户对玉米生产关键技术的选择行为决策入手，进而测算技术选择的产量效果和技术效率，以农户消费理论为理论基础，以农户对技术产品的需求和消费之间的内在逻辑关系为导向，分析农户对技术的选择行为决策的差异。但是既然技术是一种产品，就会涉及技术的卖方和买方，买方是农户，卖方是农业技术企业，本书缺少对这部分主体的调查研究。农业技术企业的供给情况如何，供给是否与需求吻合，本书只对辽宁省的北部、西部和南部的典型城市进行了调研，没有对其他省份进行调查研究，与其他省份的对比分析会不会有不一样的结果等这些都是需要思考和进一步研究的问题。并且，对该问题的研究使用面板数据会更好些，在未来的研究中，如果有可能会尽量收集面板数据进行分析。

对农户行为的研究涉及管理学、行为经济学等多个学科的交叉，虽然笔者尽力掌握相关学科的知识来解决本研究的科学问题，但是毕竟由于交叉学科的限制可能有些问题的研究还需要进一步深入和完善。引导农户通过农业技术进行农业生产，保护农业资源质量，保障农产品质安全，涉及多方面的难题，仍需要学者长期的努力。

参 考 文 献

蔡键，唐忠．要素流动、农户资源禀赋与农业技术选择：文献回顾与理论解释 [J]. 江西财经大学学报，2013 (4)：68-77.

蔡荣，蔡书凯．保护性耕作技术选择及对作物单产影响的实证分析——基于安徽省水稻生产户的调查数据 [J]. 资源科学，2012 (9)：1705-1711.

曹光乔，张宗毅．农户选择保护性耕作技术影响因素研究 [J]. 农业经济问题，2008 (8)：69-74.

曹暕，孙顶强，谭向勇．农户奶牛生产技术效率及影响因素分析 [J]. 中国农村经济，2005 (10)：44-50.

曹建民，胡瑞法，黄季焜．技术推广与农民对新技术的修正选择：农民参与技术培训和选择新技术的意愿及其影响因素分析 [J]. 中国软科学，2005 (6)：60-66.

常向阳，姚华锋．农业技术选择影响因素的实证分析 [J]. 中国农村经济，2005 (10)：38-43，58.

陈菲菲，张崇尚，罗玉峰，仇焕广．农户生产经验对技术效率的影响分析——来自我国 4 省玉米生产户的微观证据 [J]. 农业技术经济，2016 (5)：12-21.

陈新建，杨重玉．农户禀赋、风险偏好与农户新技术投入行为——基于广东水果生产农户的调查实证 [J]. 科技管理研究，2015 (17)：131-135.

陈振，郭杰，欧名豪．农户农地转出意愿与转出行为的差异分析 [J] 资源科学，2018，40 (10)：2039-2047.

褚彩虹，冯淑怡，张蔚文．农户选择环境友好型农业技术行为的实证分析——以有机肥与测土配方施肥技术为例 [J]. 中国农村经济，2012 (3)：68-77.

邓祥宏，穆月英，钱加荣．我国农业技术补贴政策及其实施效果分析——以测土配方施肥补贴为例［J］．经济问题，2011（5）：79－83.

傅新红，宋汶庭．农户生物农药购买意愿及购买行为的影响因素分析——以四川省为例［J］．农业技术经济，2010（6）：120－128.

高启杰．农业技术推广中的农民行为研究［J］．农业科技管理，2000（1）：28－30.

葛继红，周曙东，朱红根，殷广德．农户选择环境友好型技术行为研究——以配方施肥技术为例［J］．农业技术经济，2010（9）：57－63.

葛继红，周曙东．环境友好型技术对水稻生产技术效率的影响——以测土配方施肥技术为例［J］．南京农业大学学报（社会科学版），2012（2）：52－57.

巩前文，穆向丽，田志宏．农户过量施肥风险认知及规避能力的影响因素分析——基于江汉平原284个农户的问卷调查［J］．中国农村经济，2010（10）：66－76.

顾海，王艾敏．基于Malmquist指数的河南苹果生产效率评价［J］．农业技术经济，2007（2）：99－104.

韩洪云，杨增旭．农户测土配方施肥技术选择行为研究——基于山东省枣庄市薛城区农户调研数据［J］．中国农业科学，2011（23）：4962－4970.

韩青，谭向勇．农户灌溉技术选择的影响因素分析［J］．中国农村经济，2004（1）：63－69.

韩青．农户灌溉技术选择的激励机制——一种博弈视角的分析［J］．农业技术经济，2005（6）：24－27.

韩松，王稳．几种技术效率测量方法的比较研究［J］．中国软科学，2004（4）：147－151.

何可，张俊飚，丰军辉．自我雇佣型农村妇女的农业技术需求意愿及其影响因素分析——以农业废弃物基质产业技术为例［J］．中国农村观察，2014（4）：84－94.

侯麟科，仇焕广，白军飞，徐志刚．农户风险偏好对农业生产要素投入的影响——以农户玉米品种选择为例［J］．农业技术经济，2014（5）：21－29.

胡初枝，黄贤金．农户土地经营规模对农业生产绩效的影响分析——基于江

苏省铜山县的分析 [J]. 农业技术经济，2007 (6)：81-84.

黄季焜，胡瑞法，宋军，罗泽尔．农业技术从产生到选择：政府、科研人员、技术推广人员与农民的行为比较 [J]. 科学对社会的影响，1999 (1)：55-60.

黄季焜，齐亮，陈瑞剑．技术信息知识、风险偏好与农民施用农药 [J]. 管理世界，2008 (5)：71-76.

黄武．农户对有偿技术服务的需求意愿及其影响因素分析——以江苏省生产业为例 [J]. 中国农村观察，2010 (2)：54-62.

黄祖辉，扶玉枝，徐旭初．农民专业合作社的效率及其影响因素分析 [J]. 中国农村经济，2011 (7)：4-13，62.

黄祖辉，王建英，陈志钢．非农就业、土地流转与土地细碎化对稻农技术效率的影响 [J]. 中国农村经济，2014 (11)：4-16.

霍学喜，侯建昀．中国苹果生产技术效率与要素产出弹性分析——以陕西、山西、甘肃 10 个苹果重点县苹果生产户为例 [J]. 西北农林科技大学学报 (社会科学版)，2012 (6)：75-80.

亢霞，刘秀梅．我国粮食生产的技术效率分析——基于随机前沿分析方法 [J]. 中国农村观察，2005 (4)：25-32.

孔祥智，方松海，庞晓鹏，马九杰．西部地区农户禀赋对农业技术选择的影响分析 [J]. 经济研究，2004 (12)：85-95，122.

李丰．稻农节水灌溉技术选择行为分析——以干湿交替灌溉技术 (AWD) 为例 [J]. 农业技术经济，2015 (11)：53-61.

李后建．农户对循环农业技术选择意愿的影响因素实证分析 [J]. 中国农村观察，2012 (2)：28-36，66.

李欢欢，马力，林群，张辉玲，黄修杰．广东省江门地区农户新技术选择行为影响因素分析——以水稻“三控”施肥技术选择为例 [J]. 南方农业学报，2014 (1)：153-159.

李景刚，高艳梅，臧俊梅．农户风险意识对土地流转决策行为的影响 [J]. 农业技术经济，2014 (11)：21-30.

李宪宝．异质性农业经营规模技术选择行为差异化研究 [J]. 华南农业大学学报 (社会科学版)，2017，16 (03)：87-94.

李争，杨俊农户兼业是否阻碍了现代农业技术应——以油菜轻简技术为例．中国科技论坛，2010（10）：144-150.

廖洪乐，习银生，张照新．中国农村土地承包制度研究［M］．北京：中国财政经济出版社，2003.

廖虎昌，董毅明．基于DEA和Malmquist指数的西部12省水资源利用效率研究［J］．资源科学，2011（2）：273-279.

廖西元，陈庆根，王磊，胡慧英．农户对水稻科技需求优先序［J］．中国农村经济，2004（11）：36-43.

廖西元，王磊，王志刚，阮刘青，胡慧英，方福平，陈庆根．稻农选择节水技术影响因素的实证分析——自然因素和经济因素效应及其交互影响的估测［J］．中国农村经济，2006（12）：13-19.

廖西元，王志刚，朱述斌，申红芳，胡慧英，王磊．基于农户视角的农业技术推广行为和推广绩效的实证分析［J］．中国农村经济，2008（7）：4-13.

林本喜，王永礼．农民参与新农保意愿和行为差异的影响因素研究——以福建省为例［J］．财贸经济，2012（7）：29-38.

刘红梅，王克强，黄智俊．影响中国农户选择节水灌溉技术行为的因素分析［J］．中国农村经济，2008（4）：44-54.

刘辉，陈思羽．农户参与小型农田水利建设意愿影响因素的实证分析——基于对湖南省粮食主产区475户农户的调查［J］．中国农村观察，2012（2）：54-66.

刘克春．粮食生产补贴政策对农户粮食生产决策行为的影响与作用机理分析——以江西省为例［J］．中国农村经济，2010（2）：12-21.

刘清娟．黑龙江省种粮农户生产行为研究［D］．哈尔滨：东北农业大学，2012.

刘天军，蔡起华．不同经营规模农户的生产技术效率分析——基于陕西省猕猴桃生产基地县210户农户的数据［J］．中国农村经济，2013（3）：37-46.

刘颖，金雅，王嫚嫚．不同经营规模下稻农生产技术效率分析——以江汉平原为例［J］．华中农业大学学报（社会科学版），2016（4）：15-21，127.

陆文聪，余安．浙江省农户选择节水灌溉技术意愿及其影响因素［J］．中国科技论坛，2011（11）：136－142.

罗小娟，冯淑怡，黄挺，石晓平，曲福田．测土配方施肥项目实施的环境和经济效果评价［J］．华中农业大学学报（社会科学版），2014（1）：86－93.

罗小娟，冯淑怡，石晓平，曲福田．太湖流域农户环境友好型技术选择行为及其环境和经济效应评价——以测土配方施肥技术为例［J］．自然资源学报，2013（11）：1891－1902.

罗振军，于丽红．种粮大户融资需求意愿及需求量的差异分析［J］．华南农业大学学报（社会科学版），2018，17（3）：93－106.

吕美晔．菜农生产方式选择行为的影响因素研究——基于菜农意愿选择与实际选择差异的视角［J］．南京农业大学学报（社会科学版），2009（2）：48－53.

麦尔旦·吐尔孙，杨志海，王雅鹏．农村劳动力老龄化对生产业生产技术效率的影响——基于江汉平原粮食主产区400农户的调查［J］．华东经济管理，2015（7）：77－84.

满明俊，李同昇，李树奎，李普峰．技术环境对西北传统农区农户选择新技术的影响分析——基于三种不同属性农业技术的调查研究［J］．地理科学，2010（1）：66－74.

满明俊，周民良，李同昇．农户选择不同属性技术行为的差异分析——基于陕西、甘肃、宁夏的调查［J］．中国农村经济，2010（2）：68－78.

茅倬彦，罗昊．符合二胎政策妇女的生育意愿和生育行为差异——基于计划行为理论的实证研究［J］．人口研究，2013（1）：84－93.

米建伟，黄季焜，陈瑞剑，Elaine M. Liu. 风险规避与中国棉农的农药施用行为［J］．中国农村经济，2012（7）：60－71，83.

苗成林，孙丽艳．技术惯域对农业生产技术效率的影响分析——基于安徽省的实证研究［J］．农业技术经济，2013（12）：80－86.

钱加荣，穆月英，陈阜，邓祥宏．我国农业技术补贴政策及其实施效果研究——以秸秆还田补贴为例［J］．中国农业大学学报，2011（2）：165－171.

乔丹，陆迁，徐涛．社会网络、推广服务与农户节水灌溉技术选择——以甘肃省民勤县为例［J］. 资源科学，2017，39（3）：441－450.

乔丹，陆迁，徐涛．社会网络、信息获取与农户节水灌溉技术选择——以甘肃省民勤县为例［J］. 南京农业大学学报（社会科学版），2017，17（4）：147－155，160.

屈小博．不同规模农户生产技术效率差异及其影响因素分析——基于超越对数随机前沿生产函数与农户微观数据［J］. 南京农业大学学报（社会科学版），2009（3）：27－35.

全世文，曾寅初，刘媛媛．消费者对国内外品牌奶制品的感知风险与风险态度——基于三聚氰胺事件后的消费者调查［J］. 中国农村观察，2011（2）：2－15，25.

史常亮，朱俊峰，栾江．农户化肥施用技术效率及其影响因素分析——基于4省水稻生产户的调查数据［J］. 农林经济管理学报，2015（3）：234－242.

孙昊．小麦生产技术效率的随机前沿分析——基于超越对数生产函数［J］. 农业技术经济，2014（1）：42－48.

谭淑豪，Nico Heerink，曲福田．土地细碎化对中国东南部水稻小农户技术效率的影响［J］. 中国农业科学，2006（12）：2467－2473.

唐博文，罗小锋，秦军．农户选择不同属性技术的影响因素分析——基于9省（区）2 110户农户的调查［J］. 中国农村经济，2010（6）：49－57.

陶群山，胡浩，王其巨．环境约束条件下农户对农业新技术选择意愿的影响因素分析［J］. 统计与决策，2013（1）：106－110.

王琛，吴敬学．农户粮食生产技术选择意愿影响研究［J］. 华南农业大学学报（社会科学版），2016，15（1）：45－53.

王芳．人口年龄结构对居民消费影响的路径分析［J］. 人口与经济，2013（3）：12－19.

王格玲，陆迁．意愿与行为的差异：农村社区小型水利设施农户合作意愿及合作行为的影响因素分析［J］. 华中科技大学学报（社会科学版），2013（3）：68－75.

王浩，刘芳．农户对不同属性技术的需求及其影响因素分析——基于广东省油茶生产业的实证分析［J］. 中国农村观察，2012（1）：53－64.

王金霞，张丽娟，黄季焜，Scott Rozelle. 黄河流域保护性耕作技术的选择：

影响因素的实证研究 [J]. 资源科学，2009 (4)：641-647.

王静，霍学喜. 果园精细管理技术的联立选择行为及其影响因素分析——以陕西洛川苹果生产户为例 [J]. 南京农业大学学报（社会科学版），2012 (2)：58-67.

王静，霍学喜. 交易成本对农户要素稀缺诱致性技术选择行为影响分析——基于全国七个苹果主产省的调查数据 [J]. 中国农村经济，2014 (2)：20-32，55.

王静，霍学喜. 农户技术选择对其生产经营收入影响的空间溢出效应分析——基于全国七个苹果主产省的调查数据 [J]. 中国农村经济，2015 (1)：31-43.

王玺. 农户技术效率差异及影响因素实证分析——基于随机前沿生产函数与果农微观数据 [J]. 经济问题，2011 (6)：72-77.

王晓娟，李周. 灌溉用水效率及影响因素分析 [J]. 中国农村经济，2005 (7)：11-18.

王玄文，胡瑞法. 农民对农业技术推广组织有偿服务需求分析——以棉花生产为例 [J]. 中国农村经济，2003 (4)：63-68，77.

王学渊，赵连阁. 中国农业用水效率及影响因素——基于1997—2006年省区面板数据的SFA分析 [J]. 农业经济问题，2008 (3)：10-18，110.

王学渊. 基于数据包络分析方法的灌溉用水效率测算与分解 [J]. 农业技术经济，2009 (6)：40-49.

王志刚，李腾飞，黄圣男，张亚鑫. 基于随机前沿模型的农业生产技术效率研究——来自甘肃省定西市马铃薯生产的数据 [J]. 华中农业大学学报（社会科学版），2013 (5)：61-67.

王志刚，王磊，阮刘青，廖西元. 农户选择水稻轻简栽培技术的行为分析 [J]. 农业技术经济，2007 (3)：102-107.

韦志扬. 我国农户技术选择行为研究概述 [J]. 安徽农业科学，2007，35 (30)：9714-9716.

吴连翠，谭俊美. 粮食补贴政策的作用路径及产量效应实证分析 [J]. 中国人口. 资源与环境，2013 (9)：100-106.

吴林海，侯博，高申荣. 基于结构方程模型的分散农户农药残留认知与主要

影响因素分析 [J]. 中国农村经济，2011 (3)：35 - 48.
西奥多·W. 舒尔茨 . 改造传统农业 [M]. 梁小民，译 . 北京：商务印书馆，1999.
向国成，韩绍凤 . 农户兼业化基于分工视角的分析 . 中国农村经济，2005 (8)：4 - 9.
许承明，张建军 . 社会资本、异质性风险偏好影响农户信贷与保险互联选择研究 [J]. 财贸经济，2012 (12)：63 - 70.
许朗，黄莺 . 农业灌溉用水效率及其影响因素分析——基于安徽省蒙城县的实地调查 [J]. 资源科学，2012 (1)：105 - 113.
颜璐 . 农户施肥行为及影响因素的理论分析与实证研究 [D]. 乌鲁木齐：新疆农业大学，2013.
杨唯一，鞠晓峰 . 基于博弈模型的农户技术选择行为分析 [J]. 中国软科学，2014 (11)：42 - 49.
杨增旭，韩洪云 . 化肥施用技术效率及影响因素——基于小麦和玉米的实证分析 [J]. 中国农业大学学报，2011 (1)：140 - 147.
杨志海，麦尔旦·吐尔孙，王雅鹏 . 农村劳动力老龄化对农业技术效率的影响——基于 CHARLS2011 的实证分析 [J]. 软科学，2014 (10)：130 - 134.
姚增福 . 黑龙江省种粮大户经营行为研究 [D]. 杨凌：西北农林科技大学，2011.
余志刚，张靓 . 农户生产结构调整意愿与行为差异——基于黑龙江省 341 个玉米生产农户的调查 [J]. 南京农业大学学报 (社会科学版)，2018，18 (4)：137 - 145，160.
喻永红，张巨勇 . 农户选择水稻 IPM 技术的意愿及其影响因素——基于湖北省的调查数据 [J]. 中国农村经济，2009 (11)：77 - 86.
展进涛，陈超 . 劳动力转移对农户农业技术选择的影响——基于全国农户微观数据的分析 [J]. 中国农村经济，2009 (3)：75 - 84.
张舰，韩纪江 . 有关农业新技术选择的理论及实证研究 [J]. 中国农村经济，2002 (11)：54 - 60.
张利国 . 农户从事环境友好型农业生产行为研究——基于江西省 278 份农户

问卷调查的实证分析［J］. 农业技术经济，2011（6）：114－120.

张新民．有机菜花生产技术效率及其影响因素分析——基于农户微观层面随机前沿生产函数模型的实证研究［J］. 农业技术经济，2010（7）：60－69.

张燕媛，张忠军．农户生产环节外包需求意愿与选择行为的偏差分析——基于江苏、江西两省水稻生产数据的实证［J］. 华中农业大学学报（社会科学版），2016（2）：9－14，134.

张耀钢，应瑞瑶．农户技术服务需求的优先序及影响因素分析——基于江苏省生产业农户的实证研究［J］. 江苏社会科学，2007（3）：65－71.

章立，余康，郭萍．农业经营技术效率的影响因素分析——基于浙江省农户面板数据的实证［J］. 农业技术经济，2012（3）：71－77.

钟晓兰，李江涛，冯艳芬，李景刚，刘吼海．农户认知视角下广东省农村土地流转意愿与流转行为研究［J］. 资源科学，2013（10）：2082－2093.

钟鑫．不同规模农户粮食生产行为及效率的实证研究［D］. 北京：中国农业科学院，2016.

周波，于冷．农业技术应用对农户收入的影响——以江西跟踪观察农户为例［J］. 中国农村经济，2011（1）：49－57.

周波，张旭．农业技术应用中种稻大户风险偏好实证分析——基于江西省1 077户农户调查［J］. 农林经济管理学报，2014（6）：584－594.

周曙东，王艳，朱思柱．中国花生生产户生产技术效率及影响因素分析——基于全国19个省份的农户微观数据［J］. 中国农村经济，2013（3）：27－36，46.

朱萌，齐振宏，罗丽娜，黄建，李欣蕊，张董敏．不同经营规模稻农保护性耕作技术选择行为影响因素实证研究——基于湖北、江苏稻农的调查数据［J］. 农业现代化研究，2015（4）：624－629.

朱萌，齐振宏，邬兰娅，李欣蕊，唐素云．新型农业经营规模农业技术需求影响因素的实证分析——以江苏省南部395户种稻大户为例［J］. 中国农村观察，2015（1）：30－38，93－94.

朱萌，齐振宏，邬兰娅，李欣蕊，唐素云．新型农业经营规模农业技术需求影响因素的实证分析——以江苏省南部395户种稻大户为例［J］. 中国农村观察，2015（1）：30－38，93－94.

朱月季，高贵现，周德翼．基于主体建模的农户技术选择行为的演化分析［J］．中国农村经济，2014（4）：58－73.

祝华军，田志宏．稻农选择低碳技术措施意愿分析——基于南方水稻产区的调查［J］．农业技术经济，2013（3）：62－71.

庄丽娟，贺梅英．我国荔枝主产区农户技术服务需求意愿及影响因素分析［J］．农业经济问题，2010（11）：61－66.

Armitage CJ，Conner M. Efficacy of the theory of planned behaviour：A meta-analytic review［J］. Br J Soc Psychol. 2001（40）：471－499.

Ajzen I. The theory of planned behavior. Organ. Behav. Hum. Decis. Process，1991，50（2）：179－211.

Budry Bayard，Curtis M Jolly，Dennis A Shannon，The Adoption and Management of Soil Conservation Practices in Haiti：The Case of Rock Walls［J］. Agricultural Economics Review，2006（7）：28－39.

Dridi，Chokri and Khanna，Madhu. Irrigation Technology Adoption and Gains From Water Trading under Asymmetric Information［J］. American Journal of Agricultural Economics，2005，87（2）：289－301.

Fabio A Madau. Technical and Scale Efficiency in the Italian Citrus Farming：A Comparison between SFA and DEA Approaches［J］. Agricultural Economics Review，2015（16）：15－27.

Feder G，Slade R. The acquisition of information and the adoption of new technology［J］. American Journal of Agricultural Economics，1984（66）：312－320.

Godin G，Conner M. Intention-behavior relationship based on epidemiologic indices：An application to physical activity［J］. American Journal of Health Promotion，2008，22（3）：180－182.

Hailemariam Teklewold，Menale Kassie and Bekele Shiferaw. Adoption of multiple sustainable agricultural practices in rural ethiopia［J］. Journal of Agricultural Economics，2013（5）：597－623.

Jacoby H G，Li G，Rozelle S. Hazards of expropriation：Tenure insecurity and investment in rural China［J］. The American Economic Review，2002，92

(5): 1420 - 1447.

Kularatne Mohottala Gedara, Clevo Wilson, Sean Pascoe, Tim Robinson. Factors Affecting Technical Efficiency of Rice Farmers in Village Reservoir Irrigation Systems of Sri Lanka [J]. Journal of Agricultural Economics, 2012 (7): 627 - 638.

Kim T K, Jayes D J, Hallam A. Technology adoption under price uncertainly [J]. Journal of Development Economics, 1992 (38): 245 - 253.

Khanna M. Sequential adoption of site-specific technologies and its implications for Nitrogen productivity: A Double selectivity model [J]. American Journal of Agricultural Economics, 2001, 83 (1): 35 - 51.

Kuhl J, Quirin M. Seven steps toward freedom and two ways to lose it: Overcoming limitations of intentionality through self-confrontational coping with stress [J]. Social Psychology, 2011, 42 (1): 74 - 84.

Kor K, Mullan B A. Sleep hygiene behaviors: An application of the theory of planned behavior and the investigator of perceived autonomy support, past behavior and response inhibition [J]. Psychology and Health, 2011 (26): 1208 - 1224.

Linder, Robert K, Fischer A J, Pardey P. The time to adoption [J]. Economic Letters, 1979 (2): 187 - 190.

Moyo S, Veeman M. Analysis of joint and endogenous technology choice for protein supplementation by smallholder dairy farmers in Zimbabwe [J]. Agroforestry Systems, 2004, 60 (3): 199 - 209.

Mann C K. Packages of practices: A step at a time with clusters [J]. Middle East technical institute: Studies in Development, 1978 (21): 73 - 82.

Pasu Suntornpithug, Nicholas Kalaitzandonakes. Understangding the adoption of cotton biotechnologies in the US [J]. Firm level evidence, Agricultural Economics Review, 2009 (10): 80 - 96.

Pei Xu, Zhigang Wang. Factors Affect Chinese Producers' Adoption of a new Production Technology: Survey Results from Chinese Fruits Producers [J]. Agricultural economics review, 2012 (13): 5 - 20.

Rhodes R E, Dickau L. Experimental evidence for the intention-behavior relationship in the physical activity domain: A metaanalysis [J]. Health Psychol, 2012 (31): 724 - 727.

Sheeran P. Intention-behavior relations: A conceptual and empirical review [J]. Eur Rev Soc Psychol, 2002 (12): 1 - 36.

Sarah E Brewster, Mark A Elliott, Steve W Kelly. Evidence that implementation intentions reduce drivers' speedingbehavior: Testing a new intervention to change driver behavior [J]. Accident Analysis and Prevention, 2015 (74): 229 - 242.

Stoneman P, David P A. Adoption subsidies vs information provision as instruments of technology policy [J]. The Economic Journal, 1986 (96): 142 - 150.

Sheeran P, Harris P R, Epton T. Does heightening risk appraisals change people's intentions and behavior? A meta-analysis of experimental studies [J]. Psychological Bulletin, 2014, 140 (2): 511 - 543.

Webb T L, Sheeran P. Does changing behavioral intentions engender behavior change? A meta-analysis of the experimental evidence [J]. Psychol Bull, 2006 (132): 249 - 286.

Yu L, Hurley J, Kliebenstein, Orazen P. A test for complementarities among multiple technologies that avoids the curse of dimensionality [J]. Economics Letters, 2012, 116 (3): 354 - 357.

后　记

本书是在本人博士论文的基础上，通过后期的继续完善和补充而成。正所谓“世界上没有天才，所有的人的起点都是一样，有些人看起来很轻松，只是因为他们付出了比你多几倍、几十倍的艰辛和努力。量的积累才能带来质的飞跃”。如今对这句话理解更加深刻，越加感觉到其厚重，自己的学术之路才刚刚开始。回首过往，有汗水有泪水，有喜悦和收获，有失望和痛苦，但是更多的是感激。

本书的完成离不开老师和同学的帮助，首先要感谢一直以来耐心指导我的导师吕杰教授。初见导师之时是本科上课的时候，当时少不更事，经常拿一些问题问导师，但是导师都会耐心解答。在研究生阶段毅然决然加入了这个温暖又积极向上的大家庭，吕老师像个大家长一样呵护着我们。吕老师不光治学严谨，为人正直，而且具有豁达的心胸和乐观的人生态度，这对我的学术生涯起到了积极的作用，也将是我终身学习的榜样。记得在自己开题的时候，焦头烂额之时，吕老师总会给出中肯的建议，让我少走弯路，不要走偏。在本书写作中也给了我很多的帮助，每一次的问题都会耐心解答。渐渐地我从最开始听不懂老师的话，到现在可以发表自己的一些看法，我收获了很多，也成长了很多。吕老师总是说，没有教师不希望自己的学生好，他一直在践行着这一点。学习上给我们动力，老师一直督促我们英语的学习不能间断，英语学习软件百词斩吕老师已经坚持三年了，我虽然也在练习，但是却没有做到每天的坚持。生活上老师也会像个爸爸一样给我们无微不至的关怀和扶持，让我们可以很好地投身到学术研究之中去。“大爱无言，大音希声，大象无形”，在此，自己要衷心地向恩师和师母说一声：谢谢吕老师，谢谢黄师母，你们辛苦了。

在这里，要向培养自己的沈阳农业大学经济管理学院的吴东立教授、周静教授、戴蓬军教授、兰庆高教授、张艳教授、陈珂教授、周密教授、李旻教授表示深深的谢意，感谢他们对本书开题和预答辩中进行了认真的评议，并提出宝贵的修改意见。特别是韩晓燕副教授、李旻教授以及周密教授在本书写作中不厌其烦地帮助我，帮我理清思路，对存在的问题给出中肯的建议。在此，衷心地感谢韩晓燕副教授的帮助，她像个大姐姐一样对我知无不言、言无不尽，让我在学术研究的道路上多了一盏明灯，指引我前进的方向。

特别感谢实地调研过程中所有老师和同学的帮助，他们冒着炎炎酷暑，不辞辛苦为数据的获取和录入提供了大力的帮助和支持。他们分别是，景再方师兄、刘洪彬老师、董凤丽师姐、刘丽师姐、陈迪师姐、马丽师姐及薛莹、刘晓霞、李昊、陈丹、王俪璇、赵晟鑫、周法本、宋佳文、姚梦婷、张泽宾、马新阳、张超、王仓林、李放、曾巨涛、刘相慧。感谢吕氏师门在生活和学习上对我的帮助和支持，同时也感谢调研地区各乡镇领导的支持和帮助。

最需要感谢的是自己的家人。父母身体健康就是对子女最好的成全，父母对自己的学业不是很懂，但是他们想贴近我的生活，在我状态不好的时候，会耐心规劝，并积极鼓励我。父亲的人格和坚韧不拔的毅力一直影响着我，在父亲的影响下，我也养成了做事不轻易放弃的习惯。在求学的这段漫长的道路上，家人永远是我最坚实的后盾，感谢父母、哥嫂的关心和支持，让我可以振作精神，完成学业。

感谢所有支持和帮助过我的人，我会常怀感恩之心，唯有努力工作，继续认真学习，不辜负大家的期望。

最后，感谢老师对本书出版经费上的支持，本书的出版获得了国家重点研发项目“东北一熟区生产模式资源效率经济评价”（项目编号：2016YFD0300210）、国家自然科学基金项目“东北四省区节水增粮行动中农户技术选择与增产的影响因素研究”（项目编号：71303160）的资助。

金　雪

2020年3月

图书在版编目（CIP）数据

农户玉米生产关键技术选择行为研究 / 金雪，韩晓燕，吕杰著．—北京：中国农业出版社，2020.6
ISBN 978-7-109-26785-5

Ⅰ．①农…　Ⅱ．①金…　②韩…　③吕…　Ⅲ．①玉米－栽培技术－技术推广－研究　Ⅳ．①S513

中国版本图书馆 CIP 数据核字（2020）第 064234 号

中国农业出版社出版
地址：北京市朝阳区麦子店街 18 号楼
邮编：100125
责任编辑：刘明昌
版式设计：杨　婧　　责任校对：沙凯霖
印刷：化学工业出版社印刷厂
版次：2020 年 6 月第 1 版
印次：2020 年 6 月北京第 1 次印刷
发行：新华书店北京发行所
开本：880mm×1230mm　1/32
印张：7.5
字数：210 千字
定价：42.00 元
